统计与大数据"十三五"规划教材立项项目

数据科学与统计系列新形态教材

数据分析与可视化

Data Analysis and Visualization

冯兴东 刘鑫 ◎ 主编

人民邮电出版社

北 京

图书在版编目（CIP）数据

数据分析与可视化 / 冯兴东，刘鑫主编． -- 北京：
人民邮电出版社，2023.10
数据科学与统计系列新形态教材
ISBN 978-7-115-61430-8

Ⅰ．①数… Ⅱ．①冯… ②刘… Ⅲ．①可视化软件－
统计分析－高等学校－教材 Ⅳ．①TP317.3

中国国家版本馆CIP数据核字(2023)第048496号

内 容 提 要

　　本书主要针对数据科学、统计学、商学领域的教学，介绍基于 Python 软件的数据可视化基础知识、数据计算与交互式绘图，机器学习中的可视化工具和技术，以及特定数据结构下的可视化技术，如金融数据结构、生物数据结构、网络数据结构中的可视化展示，并配以丰富的案例，紧密结合常见的统计方法和机器学习方法。

　　本书配有大量实际案例和习题，涉及金融、经济管理、医疗影像、健康大数据、地理数据等方面的知识，内容翔实，能让授课教师充分备课，让学生全面学习，极大地提升学生的动手能力，并与现实生活接轨，让学生为胜任"全球信息化时代"的数据科学工作做好充分准备。此外，本书还配有 PPT 课件、教学大纲、教学进度表、部分源代码和数据文件、课后习题答案等教学资源，用书老师可在人邮教育社区免费下载使用。

　　本书可作为高等院校数据科学、统计学、商学等相关专业的教材，也可供经管领域的技术人员学习使用，还可作为机器学习和人工智能等领域的研究人员的参考书。

◆ 　主　编　冯兴东　刘　鑫
　　责任编辑　王　迎
　　责任印制　李　东　胡　南

◆ 　人民邮电出版社出版发行　　北京市丰台区成寿寺路 11 号
　　邮编　100164　　电子邮件　315@ptpress.com.cn
　　网址　https://www.ptpress.com.cn
　　三河市中晟雅豪印务有限公司印刷

◆ 　开本：800×1000　1/16
　　印张：13　　　　　　　　　　　2023 年 10 月第 1 版
　　字数：252 千字　　　　　　　　2023 年 10 月河北第 1 次印刷

定价：52.00 元

读者服务热线：(010)81055256　印装质量热线：(010)81055316
反盗版热线：(010)81055315
广告经营许可证：京东市监广登字 20170147 号

数据可视化旨在清晰、直观地展示数据背后的信息和知识。"大数据时代"产生了大量分类汇总并以表格或文本形式体现的信息，这对信息的展示方式和展示效率提出了进一步的要求，基于统计分析和建模的可视化方式尤其重要。党的二十大报告指出：实施科教兴国战略，强化现代化建设人才支撑。然而，在当前国内统计学学科的建设中，数据分析与可视化内容鲜有被涵盖，且并未在高校中得到普及。本书可填补市场中的空白，提升统计学学科建设中数据分析与可视化的重要性。本书注重实际操作，可为学生和相关工作人员快速上手、掌握数据分析与可视化的主要知识提供强大帮助。

本书以 Python 框架为基础，系统地介绍数据分析与可视化的理念、工作流程、常见的可视化工具及其在统计建模方法上的应用和展示，并针对特定类型的数据、特定的应用场景展示详尽的实际案例，辅以对应章节的教学资源，让读者由浅入深地学习数据分析与可视化。各章主要内容如下。

第 1 章主要介绍数据、信息、知识之间的差异，如何收集、处理和组织数据，以及如何通过对数据的可视化展示来帮助决策。

第 2 章介绍如何生动地对数据进行可视化展示，一些较好的可视化实践方式和基本的统计学术语，Python 中的可视化工具，以及交互式可视化的理念。

第 3 章介绍 Python IDE 工具，如何利用 Anaconda 进行可视化展示，以及常见的交互式可视化的程序库（如 bokeh、VisPy）。

第 4 章介绍常见的 Python 中的数值计算和用于交互式绘图的程序库（如 NumPy、SciPy），如何定义标量和切片检索，常见的数据结构（如堆栈、元组、队列），以及 matplotlib 可视化程序库。

第 5 章介绍常见的机器学习方法和预测模型（如回归方法、KNN 算法、逻辑回归、支持向量机、主成分分析），并针对这些常见的机器学习方法进行可视化展示和分析。

第 6 章介绍常见的金融数据结构及其对应的统计模型，同时，针对这些常见的模型进行可视化展示，并对其中的统计学方法进行简单的介绍。

1

第 7 章主要介绍生物网络数据的可视化,包括对带有图结构的数据进行统计建模及可视化展示,并针对该类数据的检验给出生动的可视化解释。

第 8 章主要介绍如何实现统计模拟、其他常用的 Python 统计学函数、信号处理等内容,并对比其他平台的可视化工具(如 R 语言)。

为了使读者更好地学习数据分析与可视化工具的相关知识,本书以让读者掌握常见的 Python 可视化工具为目标,通过文字、代码和代码输出结果相结合的形式,由浅入深地讲解数据分析与可视化的常用方法和流程。本书特点如下。

1. 详尽的讲解说明

本书用详细的文字说明,结合生动的案例,展示数据分析的流程和可视化的常用工具,可以让初学者迅速掌握常见的可视化工具,从而深入地分析和展示图片和程序输出。

2. 丰富的案例和代码

本书中有大量的实际数据分析案例和完整的可运行 Python 代码,可以让读者由浅入深地进行反复推敲和自我练习,更好地理解数据分析与可视化工作的操作流程和特点。

3. 广泛的受众群体和详尽的教辅材料

本书主要针对数据科学、统计学,以及商学等领域进行内容组织,并配有大量实际案例和习题以及教学资源,涉及金融、经济管理、医疗影像、健康大数据、地理数据等方面的知识,内容翔实,能让授课教师充分备课,让学生全面学习。

编者建议读者以文字内容和上机实验相结合的方式,对本书的内容进行学习,以得到更好的学习效果。针对高校学生,课时建议如下:每周 2 课时,17 周完成,共计 34 课时。其中,第 1 章、第 2 章,共 4 课时,其中上机 2 课时;第 3 章、第 4 章,每章 4 课时,共 8 课时,其中上机 4 课时;第 5 章~第 7 章,每章 5 课时,共 15 课时,其中上机 7 课时;第 8 章,共 7 课时,其中上机 3 课时。

本书由冯兴东、刘鑫担任主编。其中,冯兴东教授负责本书第 1 章~第 3 章及第 8 章内容的编写,并负责通读和审阅全文;刘鑫副教授负责本书第 4 章~第 7 章内容的编写,并参与审核全文。编者对支持本书编写工作的同行和专家学者,以及上海财经大学,表示由衷的感谢。

由于编者水平有限,书中难免存在欠妥之处,因此,编者由衷希望广大读者朋友和专家学者能够拨冗提出宝贵的建议和意见,建议和意见可直接反馈至编者的电子邮箱:liu. xin@ mail. shufe. edu. cn。

编者

目录

第1章　数据可视化概述

如今，互联网和社交媒体每天产生超乎想象的海量数据。这是如何开始的？又是从什么时候开始的？

近10年，一些公司开始出现一种新的管理方式：在整个公司中收集、组合和处理大量的生产、运营、财务等相关部门的数据，来改进决策过程，并进一步发展公司。大约在同一时间，国内外处理大量数据的公司，如阿里巴巴、腾讯、亚马逊、谷歌等都取得了重大进展。这些公司有了大量里程碑式的突破，也涌现了多种能够支持大数据处理的技术。本章我们不会深入了解大数据的技术细节，而是尝试探索许多公司开始使用类似大数据处理的方式来做出更好的决策的原因。

【本章学习目标】

(1) 了解数据、信息、知识之间的差异。

(2) 掌握如何从数据中提取信息，进而从信息中提取知识。

(3) 了解数据可视化与统计图表的关系。

(4) 了解如何利用可视化帮助决策。

1.1　理解数据、信息和知识

在统计学等领域中，数据、信息和知识这些专业术语经常被使用。通常，这些术语有很多定义，偶尔会出现不一致甚至相矛盾的含义。数据分析的主要目标是了解数据或信息背后隐藏的知识以及更深入的逻辑或普遍规律。本书中的数据、知识等概念，均是在统计学或计算机科学背景下的概念，而非其他如心理学或认知科学中的概念。

1-1　理解数据、信息和知识

1

1.1.1 数据和信息

数据是得出结论的前提。一般而言，数据和信息在一定的上下文中往往是相互关联的。数据实际上是指离散的数字形式的客观事实。以不同的方式组织和安排后，数据往往可以呈现出一些有助于解答公司业务问题的信息。

有时，数据看起来非常简单，但可能数量庞大且无组织。这种离散的数据往往不能直接用来做决定或决策，因为这样往往没有太多意义。更重要的是，离散的数据之间没有结构或关系。收集、传输和存储数据的过程因数据类型和存储方法而异，因此数据也经常有多种形式。常见的数据存储形式如下：

（1）CSV 文件；

（2）数据库表单；

（3）文档文件（Excel、PDF、Word 等格式文件）；

（4）HTML 文件；

（5）JSON 文件；

（6）TXT 文本文件；

（7）XML 文件。

在数据的基础上，如果额外添加一些关系或关联，我们就能得到信息。通常来说，这些关联是通过为数据提供上下文或行业背景来实现的。这些行业背景很有帮助，它允许我们在一定范围内回答有关数据的问题。例如，我们有一些篮球运动员的数据，包括身高、体重、位置、大学、出生日期、选秀权、选秀轮、首秀，以及招聘等级等。谁是第一个身高超过 195cm 的控球后卫？答案就在运动员的数据中。同样，每位运动员的场均得分也是数据，而基于此数据，"谁今年场均得分最高？他的得分是多少？"对应的答案是"易建联，场均 23.2 分"，这就是信息。

1.1.2 知识

当我们开始解释和组织信息并进行使用时，知识就会随之产生，以推动决策。知识是基于获得的数据和信息的汇总。当有了汇总和提取而来的知识时，我们就能做出适当的决策并执行，即进行预测或判断。

知识总量的增长有多种方式，当现有数据被重新排列或重组时，或当现有算法发生变化时，知识也在增加。一个形象的比喻是，知识就像一个箭头，指向依赖于过去的数据和信息的某些算法的结果。

在许多情况下，知识也可以通过同数据和信息的交互得到。而对知识的理解，也尤为重要。近年来，随着数据量的爆炸式增长，各行各业一直在努力理解现已拥有的所有数据和信息；大家都意识到数据分析的重要性。数据分析可以帮助我们得到最佳或现实的基于现有数据和信息的业务决策。

数据分析依赖于数学算法，这些算法往往用来说明数据之间的关系和知识。当数据没有特定结构时，我们可以将数据转换为结构化形式，并使其更贴近业务目标。数据分析和商业智能往往被一起谈论，但需要注意的是，分析工作一般具有预测能力，而商业智能提供对历史数据的分析结果。

通常而言，数据分析适用于更广泛的数据作业，因此，数据协同目前在业务决策部门内部或外部尤为常见。在某些业务范式中，数据协同仅在内部进行广泛的数据集的集合，但在大多数其他情况下，外部数据协同有助于连接各个层面的知识。两种常见的外部数据协同的来源是社交媒体和消费者群。在后面的章节，我们会参考一些在现实生活中取得一些成就的商业故事和应用实例，通过分析数据来获得知识和推动业务，改进决策，更好地了解客户。

1.2　知识的提取流程

现在我们了解了数据，它可用于描述商业或社会现象，并有助于我们进一步回答有关该现象的问题。为此，我们要尽量确保数据准确或完整、没有错误，否则，基于该数据的推断和理解将不准确或不完整。数据一般有不同类别，包括过往的性能数据、实验数据和基准数据。过往的性能数据和实验数据往往能够自我解释并提供含义，而基准数据是通过比较两种不同物品或产品的特性，以进行标准衡量的数据。将获取的数据转换为信息，进一步处理后，即可用于回答问题，并得到知识。因此，下一步是如何实现信息的提取。

1.2.1　从数据中提取信息

数据往往以多种不同的形式收集和存储，一般而言，这里所说的形式具体取决于数据表达的内容和它的实际意义。例如，篮球比赛的季后赛数据可以通过文本和视频形式来存储。

收集数据时一般需要处理和组织数据，因为收集到的原始数据可能会有不同的结构，甚至还会出现非结构化数据。处理和组织数据至少能提供一种寻找有关数据问题的答案的有组织的方式，如基于篮球运动员总得分进行简单排序，基于城市名称的字母顺序排序。通常，从数据中提取信息的操作也涉及统计建模或计算等。这些从数据到真正重要的信息的提取过程，体现在了数据的查询、访问等操作。当前，随着大数据时代的发展，巨大的数据集往往涉及更加复杂的转换和处理方法，如过滤、聚合、应用相关性、缩放、归一化以及分类等。

1.2.2 从信息中提取知识

一般而言，信息是可量化和可衡量的，信息的访问、生成、存储、分发、搜索、压缩和复制，均可以通过信息量或数量来量化。信息可以转化为知识，知识比信息更加具有确定性。

在一些领域中，知识不断发展，尤其是当数据实时变化的时候。有时，我们可将知识看作数据和信息的组合，往其中添加经验和专家意见以协助决策。知识发展涉及哪些步骤，以及数据如何发生变化，将在本书后续章节进行介绍。

在传统的系统中，信息经过处理、分析后，往往以报告形式呈现。互联网出现以来，现代化社交媒体已经成为一种新的信息提供平台。社交媒体一直在使用外部数据，并通过数据分析提取知识。

例如，用户通过媒体平台发布文章，调查和收集消费者对一些产品品牌的意见，来对消费者情绪进行测量。各种非结构化的分析工具可以提供分析和统计数据，作为消费者情绪的证据，而分析和统计数据的过程，恰恰可让数据可视化发挥重要作用。另一个例子，某媒体平台在 2022 年举办了一项对电影评分进行预测的比赛，这项比赛的获胜团队在预测用户评分方面实现了对该平台现有方法超过 10% 的改进，这提高了该媒体平台的商业价值。对知识的理解，意味着找到实际的解决方案，以及实现这些方案需要执行哪些商业步骤等。然而，这一过程的实现往往非常困难。从信息中提取知识并理解这些知识，需要创新的和创造性的思维，以及串连各种知识点的能力。在运用创造性思维的过程中，数据分析和数据可视化发挥了重要作用。

1.3 数据可视化与统计图表

数据可视化的发展主要经历了两个阶段：计算机出现之前的可视化以及计算机出现后的可视化。通过这两个阶段，统计理论的发展与数据可视化的发展紧密结合在一起。

在计算机出现之前，统计图表是主流的可视化工具，主要表现为目前教科书上常见的统计图表。这些教科书详细地描述了统计图表的制作方法、讨论频率、尺度选择，以及对差值和比值的视觉估计的基准等。这些内容还涵盖多元图表，如两个或多个时间序列如何被显示在同一个图表中。1962 年，约翰·图基呼吁将数据分析作为一个独立的统计分支，不久之后，他开始尝试研究以广泛探索为目的的、用简单且有效的图形显示来进行数据分析的方式，即探索性数据分析（Exploratory Data Analysis，EDA），以及探索性空间数据分析

（Exploratory Spatial Data Analysis，ESDA）。

如今，基于计算机的可视化方式正在成为一种重要的数据分析方式，旨在加深我们对数据的理解，并帮助我们进行快速、实时的决策。今天，医生诊断疾病的能力往往取决于计算机视觉的水平。例如，在髋关节置换手术中，定制髋关节的手术可以在外科手术前进行，俗称体外手术。在手术前，使用非侵入性 3D 成像技术，对患处进行准确的测量，从而帮助医生更加精准地进行真正的手术，可以减轻患者术后的身体排异情况。又如，人脑结构及其功能研究的 3D 可视化是具有深远研究意义的前沿领域，具体场景是可以看到脑的内部结构、看到工作中的大脑。为了大脑研究的持续发展，在抽象层次上整合结构和功能信息十分有必要。同时，随着硬件性能的提升，我们已经能够通过可视化工具，直观地分析并表示 DNA 序列。未来计算机视觉的进步使其有望在医学和其他科学领域中取得更大的进展。

1.4　如何利用可视化帮助决策

有多种方法可以直观地表示数据。然而，数据可视化并不像看起来那么容易：它是一门艺术，需要大量的实践和经验。就像绘画，人们不可能从一开始就是大师级的画家，这个过程需要大量的练习。在数据可视化领域中，人类的感知扮演着重要的角色。大约 $\frac{1}{4}$ 的大脑参与视觉处理，这比任何其他感官的参与比例都大。有效的可视化有助于我们分析和理解数据，并做出有效的决策。

尽管许多计算领域的目标是用自动化决策取代人工判断，但是可视化系统一般明确被设计为不取代人类本身工作。事实上，基于可视化的分析过程，旨在让技术人员等积极参与整个决策过程。数据可视化由数据驱动，由研究者创造各种计算工具。正如艺术家使用画笔、颜色工具和材料来绘图，数据科学家可以借助可视化技术和计算工具，提取和展示数据中包含的信息和知识，并帮助大家理解这些信息和知识。随着可视化技术的进步，我们可以使用的不仅仅有条形图和饼图。目前，有超过 30 种不同的数据可视化工具。我们将在后续章节，从常见的可视化工具开始，分析数据，整合信息，加深对知识的理解，慢慢拓展到交互式可视化及更深层次的内容。

1.5　总结

本章简单介绍了当前数据可视化的发展状况，数据、信息、知识之间的差异，如何从数据中提取信息进而提取知识，以及如何利用可视化帮助人们进行决策。

本章习题

一、选择题

1. （单选）下面关于基准数据的描述中，不正确的是（　　）。

    A. 通过比较两种不同物品或产品的特性，以进行标准衡量

    B. 数据转换为信息，进一步处理后，即可用于回答问题

    C. 不同于过去的性能数据和实验数据

    D. 能够自我解释并提供含义

2. （单选）数据提取的正确流程是（　　）。

    A. ①从信息中提取知识；②从知识中获取理解；③从数据中提取信息

    B. ①从数据中提取信息；②从信息中提取知识；③从知识中获取理解

    C. ①从数据中提取信息；②从知识中获取理解；③从信息中提取知识

    D. ①从知识中获取理解；②从数据中提取信息；③从信息中提取知识

3. （单选）关于数据可视化与统计图表的描述，下列说法不正确的是（　　）。

    A. 统计图表的制作一般要考虑尺度选择

    B. 计算机出现以前，统计图表是主要的可视化工具

    C. 探索性数据分析是一种以广泛探索为目的的、简单且有效的数据分析方式

    D. 基于计算机的可视化方式主要是为了展示数据的结构

4. （多选）关于数据存储形式，下列说法正确的是（　　）。

    A. 常见的数据存储形式包括：CSV 文件、数据库表单、文档文件、HTML 文件、JSON 文件、TXT 文本文件、XML 文件

    B. 离散的数据一般可以直接用来做决定或决策

    C. HTML 文件是文档文件的一种

    D. 一般具有结构或者关系的数据才能用来做决策

二、简答题

1. 数据提取的流程有哪几个步骤？请简要说明每个步骤的目的。

2. 数据可视化有哪些可能的应用场景？请结合实例简要说明。

第2章 数据可视化

数据分析与可视化有着密不可分的联系。在了解了数据、信息和知识之间的关系，以及数据可视化如何帮助决策后，本章我们关注如何利用可视化阐述和分析一些现象和结果。可以看到，在各种学科、各种领域的数据应用场景下，可视化都有助于初步探索数据，如对数据的分布、相关性、排序等与描述性统计有关的初步统计，其结果可为后续的模型建立做铺垫。数据可视化通常涉及饼图、条形图、柱状图、折线图等常见图形，以及直方图、箱线图、热图等统计图表。我们还将介绍一些常见的基于 Python 的可视化工具，以及一些常见的可视化布局格式等。

【本章学习目标】

(1) 了解并熟悉常见图形在 Python 中的展示；

(2) 掌握一些较好的可视化实践结果；

(3) 了解 Python 中的可视化工具；

(4) 了解交互式可视化；

(5) 了解数据可视化的规划布局。

2.1 利用数据可视化创造有趣的故事

数据可视化往往有助于提升用数据讲故事的能力，并在某些情况下，直观地展示那些并不那么琐碎的故事。例如，记者将可视化更多地融入他们的叙述，以帮助我们更好地理解他们的故事。在商业场景下，很少有人能够将数据与有趣的故事联系起来，以及在情感和智慧上吸引观众。正如鲁迪亚德·吉卜林所述："如果以故事的形式教授历史，那么它将永不被遗忘。"这也适用于数据。因此，我们应该明白，如果以正确的方式呈现数据，数据将能够被更好地理解和记忆。

如今，我们有许多可视化图表：条形图、饼图、表格、折线图、气泡图、散点图等（这可以列一个很长的清单）。然而，使用这些图表的重点是数据探索，而不是辅助叙述。虽然有一些例子表明可视化确实有助于讲述故事，但这并不常见。这主要是因为找到故事比处理数据要困难得多。故事叙述有两种方式：作者驱动的叙述和读者驱动的叙述。作者驱动的叙述即作者选择并呈现给读者的数据和可视化结果。读者驱动的叙述则为读者提供了处理数据的工具和方法，这给了读者更多的灵活性来分析和理解数据。

2010 年，美国斯坦福大学的研究人员探索并回顾了讲故事的重要性，提出了一些利用可视化帮助叙述的设计策略。根据他们的研究，作者驱动的叙述中的可视化具有严格的线性路径，依赖于消息传递，且没有交互性；而读者驱动的叙述没有规定的图像顺序，不依赖于消息传递，并且具有高度的交互性。作者驱动的叙述的一个例子是幻灯片演示。该研究团队列出的 7 种可视化叙述，包括杂志风格、注释图表、分区海报、流程图、漫画、幻灯片和电影/视频/动画。

Gapminder World 数据

Gapminder World 数据是读者驱动的叙述的经典例子。它搜集了国际经济、环境、健康、技术等方面的超过 600 个数据指标，并提供了可以用来研究现实世界问题并发现发展模式、趋势和相关性的工具。图 2-1 所示 Gapminder World 数据实例使用的可视化图表为一个交互式气泡图，默认设置 5 个变量：横轴变量、纵轴变量、气泡大小、颜色和一个由滑块控制的时间变量。滑动控制和沿 x 轴、y 轴的选择使该图表具有一定的交互性。即使使用这样的工

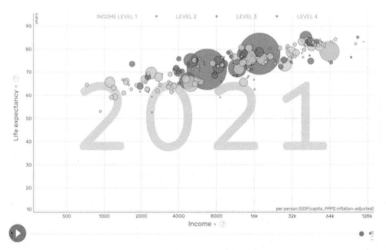

图 2-1（彩色）

图 2-1　Gapminder World 数据实例

具，完成合理的分析也并不容易。Gapminder 是一种有效的知识共享技术，因为它能够比大多数其他展示方式更有效地传达上下文和情感内容。

使故事有吸引力的讲述人懂得区分听众的重要性。他们会以不同的表达方式向不同人群讲述同一个故事。同样，读者驱动的叙述应该根据谁在听或谁在研究它来进行相应的调整。例如，对于高级管理人员来说，统计数据可能是关键，但商业智能经理很可能对方法和技术更感兴趣。

当今有许多 JavaScript 框架可用于创建交互式可视化，其中流行的有 D3. js。也有若干种使用 Python 创建交互式可视化的方法，比如生成可用于绘图的 JSON 格式的数据，使用 Plotly 模块创建交互式可视化。我们将在本章的最后部分详细介绍这些内容。

过去，数据的大小和种类并没有给数据分析相关工作带来太大的挑战。因此，采集和分析数据往往很简单。如今，无数领域都有大量数据，可视化为人类采集数据并与之交互提供了有价值的帮助，帮助我们更好地理解数据并辅助完成决策任务。

可视化技术可以分为如下两个领域。

（1）科学可视化：这涉及具有固有物理实体的科学性的数据。

（2）信息可视化：这涉及抽象数据（空间或非空间）。

大多数可视化系统的设计都是为了让人类和计算机可以合作，一并执行下述任务。

（1）直观地表示数据以帮助提升数据分析效果。

（2）直观地展示模型、数据解释、想法、假设和洞察力。

（3）为用户的假设找到佐证或反证，以帮助改进他们的模型。

（4）帮助用户组织和分享他们的想法。

对视觉感知的新见解来自数据可视化之外的各个学科的工作，如人为因素和人机交互。数据可视化的一大优势是我们处理视觉信息的速度比处理口头信息的快得多。20 世纪 20 年代，德国的心理学家也对人类知觉组织有所研究，第一批研究者创立了格式塔理论学派。

2.2　可视化的一些实践结果

实现出色可视化的重要步骤包括了解可视化背后的目标，知道可视化的具体应用场景，了解受众是谁以及如何帮助他们实现可视化。知道了这些问题的答案，接下来要做的就是选择正确的方法来实现可视化。常用的可视化结果如下。

（1）比较和排序。

（2）相关性。

（3）分布。

（4）局部与整体的关系。

（5）随时间变化的趋势。

1. 比较和排序

比较和排序可以通过多种可视化图表呈现，但一般都使用条形图。
条形图能够将定量值编码到同一基线上来比较，但它并不总是展示比
较和排序的最佳方式。例如，图 2-2 展示了基于 Gapminder World 数据
的非洲国内生产总值（Gross Domestic Product，GDP）排名前 12 的国家，
这里没有使用传统的条形图，而是使用另一种创造性的可视化展示的
方式。

2-1 比较和排序

图 2-2（彩色）

图 2-2 基于 Gapminder World 数据的非洲 GDP 排名前 12 的国家的可视化展示

2. 相关性

简单的相关性分析是识别变量之间关系很好的起点，尽管相关性
并不能保证它们存在一定的关系。为了确认其间关系存在，通常需要
使用统计方法。相关矩阵用于同时研究多个变量之间的依赖关系。矩
阵中的元素代表变量之间的相关系数。图 2-3 所示为构建简单散点图
的示例，以检测不同性别大学生的平均学分绩点（Grade Point Average，
GPA）与每周观看电视时长以及每周运动时长之间的关系。

2-2 相关性、
分布等

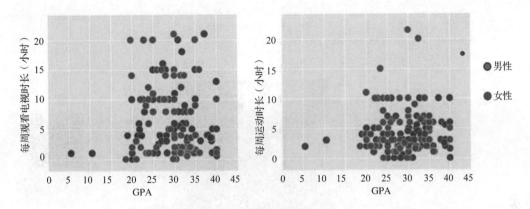

图 2-3　不同性别大学生的 GPA 与每周观看电视时长和运动时长的关系

　　我们可以使用其他方式来展示相关矩阵。例如，可以使用散点图（Scatter Plot）、热图（Heat Map）或某些特定图表来展示标准普尔 100 指数中股票之间的互相影响。要强调的是，相关矩阵涉及矩阵形式的数据，数据之间的关联通过带缩放和颜色的图进行展示。图 2-4 所示为用散点图表示数据的相关矩阵。

图 2-3（彩色）

　　图 2-5 所示为用热图表示数据的相关矩阵。热图有许多种不同的配色方案可用，每种配色方案都有各自的优势和劣势。

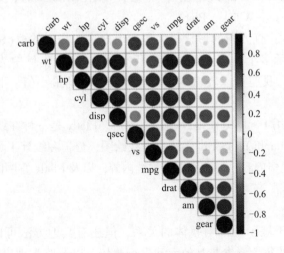

图 2-4（彩色）

图 2-4　用散点图表示数据的相关矩阵

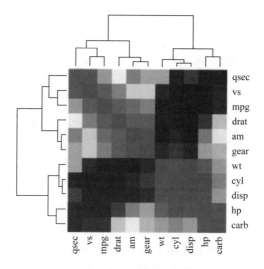

图 2-5（彩色）

图 2-5　用热图表示数据的相关矩阵

3. 分布

分布分析显示定量值在其范围内的分布情况，因此在数据分析中非常有用。例如，呈现一个班级的学生的作业成绩、期中考试成绩、期末考试成绩以及课程总成绩的分布情况。在本示例中，我们将讨论最常用的两种图表类型。一种是直方图（Histogram），另一种是箱线图（Boxplot），也称盒须图（Box-and-Whisker Plot）。

如图 2-6 和图 2-7 所示：直方图的形状很大程度上取决于指定的框（bin）的大小和位置；箱线图非常适合用于显示多个分布。箱线图将所有数据点（在本例中为每个学生的成绩）"打包"显示出来。现在，我们可以轻松识别所有类别成绩的最小值、下四分位数、中值、上四分位数值和最大值。

在 Python 中我们可以使用 Plotly 方便地绘制这些图形。Plotly 是一种在线分析工具和可视化工具，为 Python、R、Julia 和 JavaScript 等提供在线绘图、分析和统计工具以及科学绘图库。有关直方图和箱线图的更多内容，请参阅本书后续内容，以及 Plotly 官网的介绍。

4. 局部与整体的关系

众所周知，饼图通常用于展示局部与整体的关系，但还有其他方法可以做到这一点。分组条形图适用于将类别中的每个元素与其他元素进行比较，以及跨类别比较元素。但是，分组使区分每个组的总数变得更加困难，而这时就要用到堆积柱形图了。

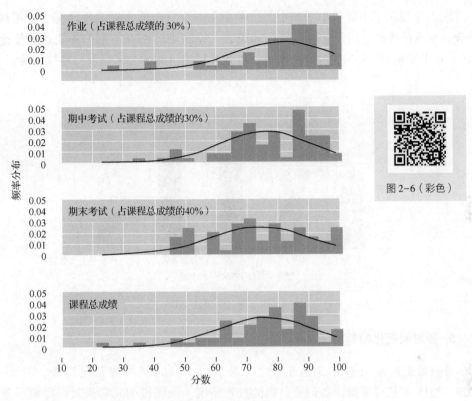

图 2-6（彩色）

图 2-6　学生成绩分布情况直方图

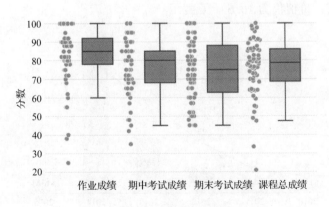

图 2-7　学生成绩分布情况箱线图

图 2-8 显示了小红、小明和小天这 3 个人一个月内的水果消耗情况。堆积柱形图非常适合显示该种数据，因为它可以直观地聚合一个组中的所有类别，其缺点是使比较各个类别（如水果类别）的大小变得更加困难。堆积柱形图也能够表示局部与整体的关系。

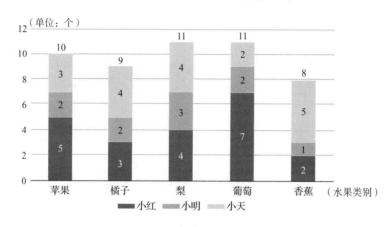

图 2-8　水果消耗情况

5. 随时间变化的趋势

分析数据最常用的可视化方法之一是展示一段时间内的变化趋势。图 2-9 绘制了 2009—2015 年某可穿戴设备创业公司的投资情况。该图说明几年来对可穿戴设备的投资一直呈上升趋势；2014 年投资量猛增，完成了 61 笔投资，总价值 42.7 千万美元，而 2013 年（仅一年前）有 43 笔投资，价值仅为 16.6 千万美元。

图 2-9　可穿戴设备创业公司投资情况

2.3　Python 中的可视化工具

数据分析和可视化需要一些软件工具：用于编写代码的文本编辑器(最好能够突出显示语法)、Python 以及用于运行和测试代码的其他库，还有用于呈现可视化结果的工具。可分为两类：通用软件工具和特定软件组件。

通用软件工具即集成开发环境(Integrated Development Environment, IDE)，它是将所有生产力工具都包含在软件包中的应用程序。从处理 Python 库的角度来看，IDE 通常非常方便。有关 IDE 的更多详细信息将在第 3 章中讨论。本章的讨论仅限于对 Enthought Canopy 和 Continuum Analytics 的 Anaconda 的简要介绍。

特定软件组件即 Python 绘图库，如 bokeh、IPython、matplotlib、NetworkX、SciPy 和 NumPy、scikit-learn 和 seaborn。上述 IDE 提供了非常方便的方式来处理这些绘图库的更高版本的添加、删除和更新。

1. Enthought Canopy

Enthought Canopy 有一个在伯克利软件套件（Berkeley Software Distribution, BSD)开源许可协议下发布的免费版本，并附带 GraphCanvas、SciMath 和 Chaco 等绘图工具，以及其他几个库。它同时包括高级文本编辑器、集成的 IPython(交互式 Python)控制台、图形包管理器和在线文档链接。

Canopy 分析环境如图 2-10 所示，它可为科学家、工程师和分析师简化数据分析、可视化、算法设计和应用程序开发的流程。

2. Anaconda 和 IPython

Anaconda 是基于 Conda 的应用程序。Conda 是一个用于查找和安装软件包的应用程序，包含系统级库、Python 模块、可运行程序或其他组件的二进制 tarball。Conda 跟踪包和平台细节之间的依赖关系，使其可以轻松地从不同的包集创建工作环境。

Anaconda 包含 sypder(一个科学的 Python 开发环境)和一个 IPython 查看器。其用户界面如图 2-11 所示，IPython 可以作为图形用户界面(Graphical User Interface, GUI) 或基于 Web 的执行程序启动。我们可以在主目录中安装 Python，而无须触及系统安装的 Python。但需注意，并不是所有的包都适用于 Python 3。有时，可能需要将 Python 2 与这些 IDE 一起使用。

图 2-10　Canopy 分析环境

图 2-11　Anaconda 用户界面

　　IPython 提供了一个增强的交互式 Python 界面，强烈推荐它主要是因为数据分析和可视化本质上是交互式的。大多数平台都支持 IPython。IPython 的一些附加功能如下。

　　(1)制表符补全。制表符补全涉及变量、函数、方法、属性和文件名的补全。制表符补全是通过 GNU Readline 实现的，非常便捷。一般，在使用并熟悉了 GNU Readline 后，很难再愿意使用常规的命令行界面(Command Line Interface，CLI)。

(2)命令历史记录功能。该功能发布命令历史记录，可以完整记录以前使用的命令。

2.4 交互式可视化和布局

交互式的可视化必须遵循以下两个标准。

(1)人工输入：对信息的由视觉表示的某些方面的控制必须可供人控制使用。

(2)响应时间短：人所做的更改必须能够及时"纳入"可视化。

有时，我们需要处理大量数据以创建可视化图表。但即使使用当前技术也非常困难，有时甚至是不可能的。因此，"交互式可视化"通常应用于在输入后几秒内向用户提供反馈的系统。许多交互式可视化系统类似于物理世界中的导航。

交互的好处是人们可以在更短的时间内探索更大的信息空间，通过一个平台就可以理解。但是，这种交互的一个缺点是需要大量时间来彻底检查与测试可视化系统的各种可能性。此外，设计系统时需要关注算法，以保证对用户操作的即时响应。

任何可视化方法都需要良好的布局方法。一些布局方法会自动转换为对称作图，或者说，一些绘图方法会首先在数据中找到对称性。为了直观、有效地显示数据，了解布局方法非常重要。是否美观是衡量布局效果的标准之一。为了使布局更具可读性，图结构需要具有层次结构或对称性，布局的一个关键因素是空间的利用。

良好的布局对于理解图表是至关重要的。一些常用的布局方法如下。

(1)环状布局(Circular Layout)。

(2)放射状布局(Radial Layout)。

(3)气球式布局(Balloon Layout)。

1. 环状布局

表格是数据的"容器"。每当需要展示信息时，以表格的方式进行呈现的可能性是很高的。然而，在许多情况下，当这些信息很复杂(因此表格很大)时，表格表示很难直观地解析并展示数据。

换句话说，一个有用的容器并不总是一种有用的数据呈现方式。表格可以很好地呈现各个数据，但数据的相互关系和它们构成的模式几乎不可见。而环状布局可以使用几种不同的组合(定性和定量)在单个可视化图表中显示。如图 2-12 所示，利用环状布局能够在有限的空间内直观地展示复杂的关系。

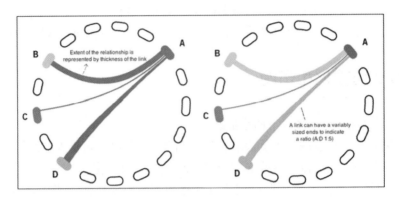

图 2-12　环状布局示意

2. 放射状布局

放射状布局是一种径向空间填充可视化技术，其根节点位于圆心，不同层次的节点被放置在半径不同的同心圆上，节点到圆心的距离对应于它的深度。

如图 2-13 所示，随着层次的增加，径向树会将更多的节点分布在更大的区域上。

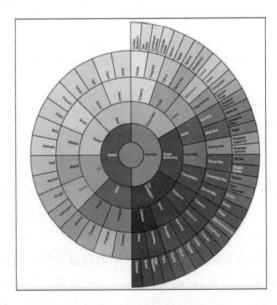

图 2-13　放射状布局示意

3. 气球式布局

如图 2-14 所示，气球式布局有不同的变化形式，甚至可以将这些气球视为气泡。如果我们使用不同颜色和大小的气球（或圆圈、气泡），则可以显示更多内容。

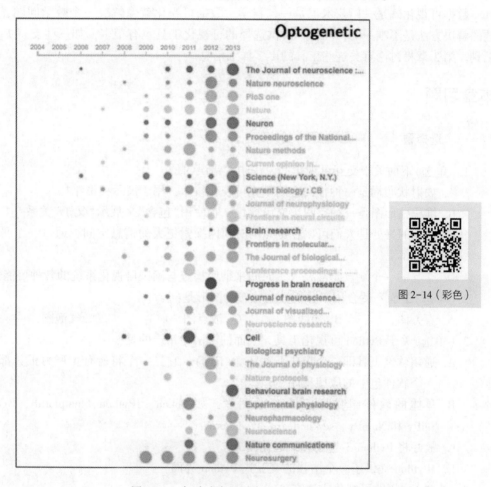

图 2-14（彩色）

图 2-14　气球式布局示意

2.5　总结

本章给出了常见的图形可视化工具，以及这些常见图形在 Python 中的展示，并基于这些图形可视化工具对数据进行排序，以及相关性和分布的图表展示。同时，我们介绍了数据可视化的平台，以及一些数据可视化的规划布局。数据可视化的目标是通过所选择的可视化方法向用户清晰、有效地传达信息，这样的可视化方式有助于分析和推理数据和信息。它使复杂的数据更易于访问、理解和使用。用户可能有特定的分析任务，如进行比较或理解因果关系，图形的设计应遵循对应的任务设计原则。

数据可视化既是一门艺术也是一门科学。数据可视化就像解决一个数学问题，数学问题的解决方法是不唯一的，同样，可供选择的可视化工具也有很多，如一些支持 Python 的工具。第 3 章将讨论有关这些工具的更多详细信息。

本章习题

一、选择题

1.（单选）下面关于交互可视化的说法中，错误的是（　　）。

A. 放射状布局是一种径向空间填充可视化技术，用于展示树形结构

B. 堆积柱形图是一种空间填充可视化，它使用"包含"来展示"父子"关系

C. 交互的好处是人们可以在更短的时间内探索更大的信息空间，通过一个平台就可以理解

D. 交互的一个缺点是需要大量时间来彻底检查与测试可视化系统的各种可能性

2.（单选）下面不适合用于分析数据分布的图形是（　　）。

A. 直方图　　　　　B. 箱线图　　　　　C. 散点图　　　　　D. 气泡图

3.（单选）关于 Python 可视化工具，下面的说法中错误的是（　　）。

A. 通用软件工具即一个集成开发环境（IDE），它是一个将所有生产力工具都包含在一个软件包中的应用程序

B. 具体的软件组件即 Python 绘图库，如 bokeh、IPython、matplotlib、NetworkX、SciPy 和 NumPy、scikit-learn 和 seaborn

C. 最好将 Python 3 与 IDE 一起使用

D. IPython 提供了一个增强的交互式 Python 界面

4.（多选）常用的可视化方法有（　　）。

A. 比较和排序　　　B. 相关性　　　　C. 局部与整体的关系　　D. 随时间变化的趋势

二、简答题

1. 简述可视化的常见适用场景，及对应的可视化图表。
2. 简述数据可视化的常用布局方法。

第 **3** 章　常见 Python IDE

Python 作为一种广泛使用的编程语言，已经存在了 30 多年，其简单并且容易上手的特点，可以让程序员编写非常少的代码行就满足开发需求。Python 支持多种编程范式，包括函数式、面向对象和过程式风格。

Python 编程的 IDE 有很多选择。IDE 是一种软件应用程序，提供了一套全面而强大的工具来为运行 Windows、Linux 或 macOS 等操作系统的目标系统构建应用程序。这些工具提供了一致的集成环境，以最大限度地提高生产力。

几乎所有的操作系统都可以使用 Python IDE。其内置的数据结构与动态绑定相结合，使其成为一种有吸引力的高性能语言以快速连接现有的操作组件。即使在分布式应用程序中，Python 也被用作与 Hive(NoSQL)结合使用的黏合剂，以快速高效地完成部分工作。Python 在软件开发社区中十分流行，作为一个交互式环境，Python 可以用来创建、编辑、测试、调试和运行程序。

【本章学习目标】

(1)了解常用的 Python IDE；

(2)掌握典型 IDE 安装指南；

(3)了解 Conda CLI 和 Spyder；

(4)掌握 IDE 工具中对可视化有用的库和数据可视化工具；

(5)掌握常见的交互式可视化包。

3.1　Python IDE

IDE 有很多优点，具体如下。

(1)高亮代码语法(立即显示错误或警告)。

(2)在调试模式下允许运行单行代码。

(3)交互式控制台和对话框。

(4)与交互式计算系统(如 IPython)集成。

3.1.1 Python 3.x 与 Python 2.7

Python 3.x 不向后兼容 2.x 版本。这就是 Python 2.7 仍在使用的原因。在本书中，我们将主要关注 Python 3.x，而不是 Python2.7。建议读者可以自行查阅编写适用于不同版本的代码的资料。一些 IDE 工具有使用这两个版本的特定说明。

3-1　Python 3.x 与 Python 2.7 和不同类型的交互式工具

3.1.2 不同类型的交互式工具

1. IPython

在 2001 年，Fernando Perez 开始了对 IPython 的研究，IPython 是一个增强的交互式 Python 界面，对历史缓存、配置文件、对象信息和会话记录等功能进行了改进。最初 IPython 专注于 Python 中的交互式计算，后来也一并包括 Julia、R、Ruby 等其他语言。其具有的一些功能(如自动括号和制表符补全)可以帮助用户节省时间，在可用性方面非常出色。在标准 Python 中，要进行制表符补全，必须导入一些模块，而 IPython 默认提供制表符补全功能。

IPython 为 Python 脚本编写提供了以下丰富的工具集。

(1)方便的终端命令和工具。

(2)一个纯基于网络的记事本的交互环境，具有与独立记事本相同的核心功能，并支持代码、文本、数学表达式和内嵌绘图(Inline Plot)等模块。

(3)方便的交互式数据可视化，因此许多 IDE 都集成了对 IPython 的支持。

(4)易于使用的高性能多进程计算工具。

IPython 中基本的 4 个命令及其描述如表 3-1 所示。

表 3-1　IPython 基本命令及描述

命　令	描　述
?	对 IPython 特性的介绍和概述等
%quickref	提供快速参考
--help-all	提供关于 Python 的帮助
%who/%whos	提供有关标识符的信息

IPython notebook 是一个基于 Web 的交互式计算环境。在这里，我们可以将代码、数学公式和绘图合并到同一个文档中。同时，IPython 是一个增强的交互式 Python 界面，而数据分析和可视化的本质都是交互式的，这也是推荐 IPython 的主要原因。

图 3-1 展示了一个在 IPython 上运行的示例。

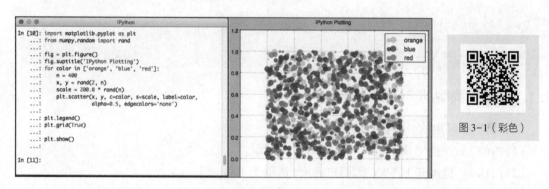

图 3-1　IPython 运行示例

2. Plotly

Plotly 是一个在线分析和数据可视化工具，提供在线的作图、分析和统计功能，以实现更好的协作。该工具是使用 Python 构建的，具有使用 JavaScript 构建的用户界面和使用 D3. js、HTML 和 CSS 的可视化库。Plotly 包含多种语言(如 Arduino、Julia、MATLAB、Perl、Python 和 R)的科学图形库。图 3-2 展示了一个气泡图相关示例，展示了五大洲人均 GDP 和人均寿命的相关信息。

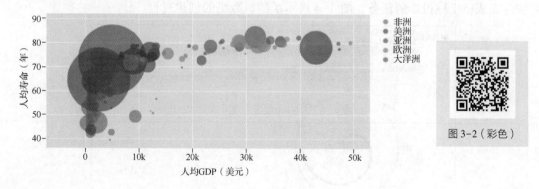

图 3-2　五大洲人均 GDP 和人均寿命情况

Plotly 提供了一种将绘图从 matplotlib 转换为 Plotly 的便捷方法，如以下代码(需要 Plotly 账户并登录)：

```
import plotly.plotly as py
import matplotlib.pyplot as plt
# 创建画布
mpl_fig_obj=plt.figure()
# 创建 matplotlib 图形
py.plot_mpl(mpl_fig_obj)
```

3.1.3　不同类型的 Python IDE

以下是当今可用的一些流行的 Python IDE。

(1)PyCharm：提供基于 Java Swing 的用户界面。

(2)PyDev：提供基于 SWT 的用户界面(适用于 Eclipse)。

(3)Interactive Editor for Python(IEP)：提供简单高效的 Python 开发环境。

(4)Enthought 开发的 Canopy：基于 PyQt。

(5)Continuum Analytics 开发的 Spyder(Anaconda Distribution)：基于 PyQt。

1. PyCharm

PyCharm 是少数几个具有强大功能的流行 IDE 之一，其社区版本是免费的。PyCharm 提供了适用于 macOS、Linux 和 Windows 的版本，可从其官网下载。更多详情可以参考其官方网站。下面以一段 PyCharm 的代码向导为例，查看 NumPy 定义的数组。图 3-3 展示了如何快速完成极坐标投影的任务。图 3-4 展示了随机数组的创建过程。

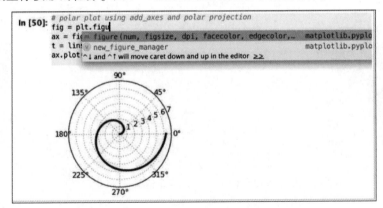

图 3-3　NumPy 极坐标投影示例

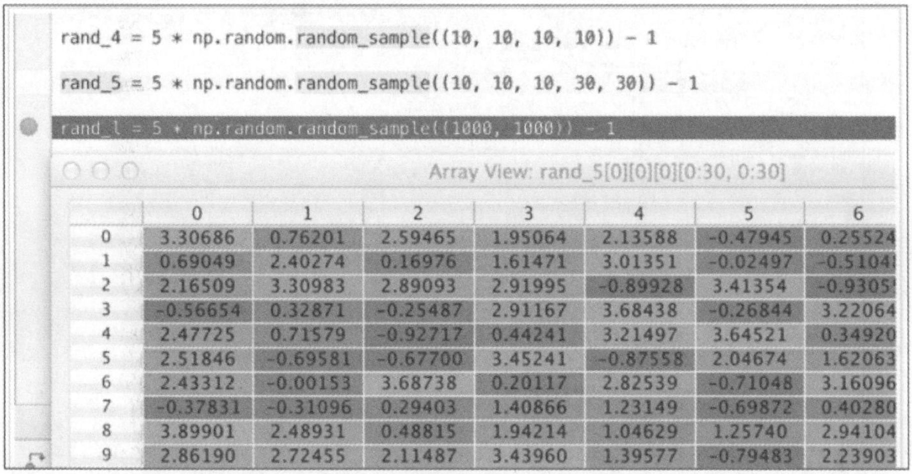

图 3-4　随机数组创建过程

我们也可以在不同的 IDE（如 Spyder）中创建类似的随机样本，示例如下：

```
rand_4 =np. random. random_sample((2,2,2,2))-1
array([[[[-0.6565232,-0.2920045],
[-0.45976502,-0.70469325]],
[[-0.80218558,-0.77538009],
[-0.34687551,-0.42498698]]],
[[[-0.60869175,-0.9553122],
[-0.05888953,-0.70585856]],
[[-0.69856656,-0.21664848],
[-0.29017137,-0.61972867]]]])
```

2. PyDev

PyDev 是 Eclipse 的插件。换句话说，与其创建一个新的 IDE，不如利用一个 Eclipse 的插件 PyDev 便能够使用其他常规的 IDE 可能有的默认功能。如图 3-5 所示，PyDev 支持代码重构、图形式代码调试、交互式控制台、代码分析和代码折叠。

我们可以将 PyDev 作为 Eclipse 插件安装或直接安装 LiClipse（这是一个高级 Eclipse 发行版）。LiClipse 不仅增加了对 Python 的支持，还增加了对 CoffeeScript、JavaScript、Django 模板等语言的支持。PyDev 预装在 LiClipse 中，但需要先安装 Java 18 或更高版本。完整的安装步骤可以参考 PyDev 的安装手册。

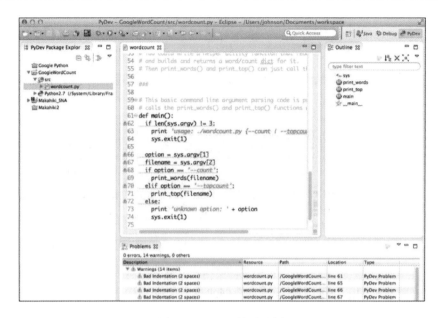

图 3-5　PyDev 使用示例

3. IEP

IEP 是另一种 Python IDE，它有与其他 IDE 类似的功能，但形式上与 Microsoft Windows 上使用的工具相似。作为一个跨平台的 Python IDE，IEP 主要关注交互性和代码内省（Code Introspection），其实用设计旨在简单和高效，非常适合大规模的科学计算。

IEP 是用（纯）Python 3 编写的，并依赖 Qt GUI 工具包，IEP 可在官网下载。有些人不认为 IEP 是一种 IDE 工具，但它的目的是开发、编辑和运行 Python 程序。它同时支持多个 Python 界面。因此，对想要以交互方式使用多个 GUI 工具包（如 PySide、PyQt5、GTK 和 Tkinter）进行编程的人来说，它是一种非常高效的工具。

IEP 由编辑器和界面两个主要组件组成，并使用一组可插拔工具来帮助编程，如源结构、项目管理器、交互式帮助平台和工作区。它的一些关键特性如下。

（1）与各种现代 IDE 一样的代码内省。

（2）通过 CLI 或通过 IPython 界面以交互方式运行 Python 脚本。

（3）将界面作为后台进程运行。

（4）多个界面使用不同的 Python 版本。

图 3-6 展示了如何在同一个 IDE 中使用两个不同版本的 Python。

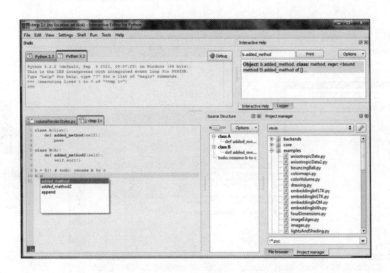

图 3-6　不同 Python 版本的同时展现

4. Enthought Canopy

Enthought Canopy 有一个在 BSD 开源许可协议下发布的免费版本，带有 GraphCanvas、SciMath 和 Chaco 等绘图工具，以及其他几个库。同所有的 IDE 一样，它有一个文本编辑器。它还有 IPython 控制台，对运行和显示可视化结果非常有用。此外，它还带有一个图形包管理器。

当 Canopy 启动时，它提供了包含编辑器、包管理器和文档浏览器的各式选项，以及尝试使用他们的说明文件。除了其他开发代码外，Canopy 还集成了 IPython notebook 和其他方便的功能，可用于创建数据可视化。此外，Canopy 还有用于展示当前编辑状态的编辑器状态一栏。Canopy IDE 的组件介绍如下。

（1）文档浏览器：它允许用户从硬盘读取或写入 Python 程序。

（2）Python 代码编辑器：Canopy 提供了一个语法高亮的代码编辑器，包括专用于 Python 代码的附加功能。

（3）Python 窗格：集成的 IPython 提示，可用于交互式运行 Python 程序，而不是从文件中直接运行。

（4）编辑器状态栏：可用于显示行号、列号、文件类型和文件路径。

图 3-7 中的数字标志代表了上文描述的 Canopy IDE 的组件。文档浏览器和 Python 窗格可以拖放到编辑器窗口中或边界外的不同位置。拖动文档浏览器和 Python 窗格时，它们停靠的位置以蓝色突出显示。

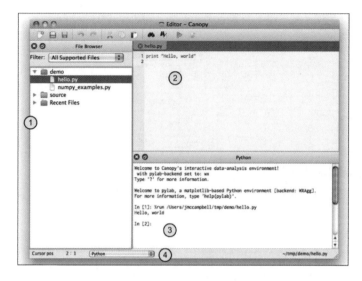

图 3-7（彩色）

图 3-7　Canopy IDE 组件

Canopy IDE 提供基于 Canopy 文档浏览器（Canopy Documentation Browser）的帮助文档，可从"帮助"菜单访问。帮助文档包括一些常用 Python 包的文档链接。Canopy 文档浏览器的一项重要功能是用户可以轻松访问文档中提供的示例代码。当用户右击示例代码时，系统将显示快捷菜单。我们可以选择复制代码选项将代码块的内容复制到 Canopy 的复制粘贴缓冲区中，以便在编辑器中使用。

Canopy 为个人用户提供了几种不同的产品，免费版本称为 Canopy Express，包含大约 100 个核心包。这个免费版本是用于科学和分析计算的轻松 Python 开发的有用工具，适用的操作系统有 Windows、Linux 或 macOS 等。Python IDE 的一大挑战是管理不同的库和工具包，这可能是一项非常耗时且令人生畏的任务。Canopy 文档浏览器如图 3-8 所示。

Canopy 包含包管理器，可用于查找 Canopy 可用的 Python 包，并安装/删除包。它提供了一个方便的搜索界面来查找和安装各种可用的包并恢复包的状态。如图 3-9 所示，Canopy 包管理器用于确定可用的 Python 包。当 Canopy 启动时，包管理器会查找可用的 Python 包并显示它们。

图 3-9 中用数字标识的区域介绍如下。

（1）导航面板①：和其他 IDE 类似，以树列表类型的结构供用户选择包管理器的组件。

（2）主视图区域②：跟随导航面板中的选择显示选择的项目、相关的包列表、包的信息等。

（3）搜索栏③：用于实现搜索功能，有助于快速搜索包的名称和描述。例如，输入 machine 将列表过滤获得 11 个包（匹配的数量可能因操作系统而异）。

图 3-8　Canopy 文档浏览器

图 3-9　Canopy 包管理器

（4）订阅状态和帮助④：显示订阅链接和当前使用的账户名称。

（5）状态栏⑤：对于用户进行的每一次导航操作，根据导航内容的变化显示当前状态的详细信息。

5. Anaconda-Spyder

Anaconda 是社区使用的最流行的 IDE 之一。它带有大量已集成的软件包。此 IDE 基于名为 Conda 的核心组件（稍后将详细解释），我们可以使用 conda 或 pip 命令安装或更新

Python 包。Anaconda 是一个免费且强大的 Python 包集合，可用于商业智能、科学分析、工程、机器学习等的大规模数据管理、分析和可视化。

Anaconda 有两个重要的组件，即 Conda 和 Spyder。Anaconda 启动后，为用户提供了多种选择，包括 IPython 控制台（IPython qtconsole）、IPython 笔记本（IPython notebook）、Spyder 和 glueviz。其中，Spyder 为一种 Python 开发环境，带有以下组件。

（1）代码编辑器：带有一个单独的函数浏览器，并且类编辑器带有对 Pylint 代码分析的支持。代码补全（Code Completion）如今已成为一种规范功能，在所有 IDE 上都很方便，Spyder 的代码编辑器也支持这一功能。

（2）IPython 控制台：Python 适合交互式工作，IPython 控制台拥有所有必要的工具，以支持对代码编辑器中编写的代码进行即时评估。

（3）探索变量：在各种交互式操作执行期间探索变量有助于提高整体生产力。也可以直接编辑变量，如字典或数组。

Spyder 代码编辑器和 IPython 控制台如图 3-10 所示。

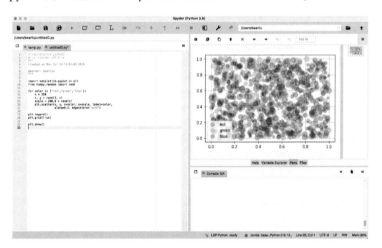

图 3-10（彩色）

图 3-10　Spyder 代码编辑器和 IPython 控制台

6. Conda

Conda 是一个命令行工具，用于管理 Python 的环境和包，但不使用 pip 命令。它提供了多种方法以查询和搜索包，必要时可创建新环境，以及在现有 Conda 环境中安装和更新 Python 包。此命令行工具还跟踪包和平台细节之间的依赖关系，帮助我们从不同的包组合创建工作环境。要查看 Conda 运行的是哪个版本，可以运行以下代码（在编者的环境中，显示的是

3. 10. 1，大家可以根据自己的需求下载相应的 Conda 版本）：

```
conda-v
```

Conda 环境本身是一个文件系统目录，其中包含特定的 Conda 包集合。例如，我们可能希望同时拥有一个提供 NumPy 1. 7 的环境和另一个提供 NumPy 1. 6 的环境以进行测试，Conda 使这种混合搭配变得容易。要开始使用 Conda 环境，只需将 PATH 变量设置为指向 Conda 环境的 bin 目录。

让我们看一个使用 Conda 安装名为 SciPy 包的示例。假设我们已正确安装 Anaconda，并且将 Conda 的路径添加到运行路径中，可以运行以下代码来安装 SciPy：

```
$conda install scipy
```

图 3-11 显示了用 Conda 安装 SciPy 包时的界面。应该注意，尝试安装的软件包的各种依赖项都将被自动识别和下载。

```
The following packages will be downloaded:

    package                      |       build
    -----------------------------|-----------------
    flask-0.10.1                 |       py27_1        129 KB
    itsdangerous-0.23            |       py27_0         16 KB
    jinja2-2.7.1                 |       py27_0        307 KB
    markupsafe-0.18              |       py27_0         19 KB
    werkzeug-0.9.3               |       py27_0        385 KB

The following packages will be linked:

    package                      |       build
    -----------------------------|-----------------
    flask-0.10.1                 |       py27_1
    itsdangerous-0.23            |       py27_0
    jinja2-2.7.1                 |       py27_0
    markupsafe-0.18              |       py27_0
    python-2.7.5                 |           2
    readline-6.2                 |           1
    sqlite-3.7.13                |           1
    tk-8.5.13                    |           1
    werkzeug-0.9.3               |       py27_0
    zlib-1.2.7                   |           1

Proceed ([y]/n)?
```

图 3-11　用 Conda 安装 SciPy 包

如果需要安装或更新 Python 包, 可以使用以下代码:

```
conda install <package name>or conda update 〈package name〉
```

图 3-12 显示了使用 Conda 通过命令行更新 matplotlib 包的示例:

为了检查使用 Conda 安装的软件包, 请在命令行运行以下命令以快速显示默认环境中安装的所有软件包的列表:

```
$conda list
```

```
conda update matplotlib

Fetching package metadata: ....
Solving package specifications: .
Package plan for installation in environment /Users/MacBook/anaconda:

The following packages will be downloaded:

    package                   |                 build
    --------------------------|-----------------
    freetype-2.5.2            |                     0        691 KB
    conda-env-2.1.4           |          py27_0         15 KB
    numpy-1.9.2               |          py27_0        2.9 MB
    pyparsing-2.0.3           |          py27_0         63 KB
    pytz-2015.2               |          py27_0        175 KB
    setuptools-15.0           |          py27_0        436 KB
    conda-3.10.1              |          py27_0        164 KB
    python-dateutil-2.4.2     |          py27_0        219 KB
    matplotlib-1.4.3          |        np19py27_1       40.9 MB
    --------------------------------------------------------
                                        Total:         45.5 MB

The following NEW packages will be INSTALLED:

    python-dateutil: 2.4.2-py27_0

The following packages will be UPDATED:

    conda:          3.10.0-py27_0      --> 3.10.1-py27_0
```

图 3-12　用 Conda 更新 matplotlib 包

此外，我们可以使用平常的方式安装软件包，如运行 pip install 或使用 setup. py 文件。尽管 Conda 是首选的打包工具，但 Anaconda 并没有禁止使用标准的 Python 打包工具（如 pip）。IPython 不是必需的，但强烈推荐。IPython 应该在 Python、GNU Readline 和 PyReadline 安装后安装。本书的所有示例中都使用了 Python 包，使用 Python 包是有充分理由的。

3.2　利用 Anaconda 进行可视化

从获取数据、操作和处理数据到可视化和交流研究结果，Python 和 Anaconda 支持科学数据工作流中的各种流程。Python 可用于各种应用程序（甚至可以超出科学计算的范围）；用户可以快速上手这种语言，无须学习新的软件或编程语言。Python 的开源性使用户能够与世界各地的大量科学家和工程师社区建立联系。以下是我们可以与 Anaconda 一起使用的一些常用绘图库。

3-2　利用 Anaconda
进行可视化

（1）matplotlib：最流行的 Python 绘图库之一，加上 NumPy 和 SciPy，它们是与科学计算相关的 Python 社区的主要工具。IPython 有一个 pylab 模式，专门用于支持 matplotlib 实现交互式绘图。

（2）Plotly：在浏览器上运行的协作绘图和分析平台。它支持基于 IPython notebook 的交互式图表。使用 matplotlib 编写的绘图代码都可以轻松导出为 Plotly 版本。

（3）Veusz：一个用 Python 和 PyQt 编写的 GPL（General Public License，通用公共许可协议）绘图包。Veusz 也可以嵌入其他 Python 程序。

（4）Mayavi：一个 3D 绘图包，支持基于 Python 编写脚本。

（5）NetworkX：一个 Python 语言软件包，用于创建、操作和研究复杂网络的结构和功能。

（6）pygooglechart：该包功能强大，可用于创建可视化方法并支持与 Google Chart API 进行交互。

3.2.1　绘制 3D 曲面图

我们尝试生成 3D 图，定义 Z 作为 X、Y 的函数，这在数学上表示为 $Z=f(X,Y)$。在示例中，我们将绘制 $Z=\sin(\sqrt{X^2+Y^2})$，这本质上类似于二维抛物线。全部绘制过程需要遵循以下步骤。

（1）生成"X"和"Y"的网格（Grid）数据，如以下代码：

```
import numpy as np
X = np. arange(-4,4,0.25)
Y = np. arange(-4,4,0.25)
X,Y = np. meshgrid(X,Y)
```

图 3-13 所示为使用 mpl_ toolkits 包绘制的一个简单的 3D 曲面 $Z = \sin\left(\sqrt{X^2+Y^2}\right)$。

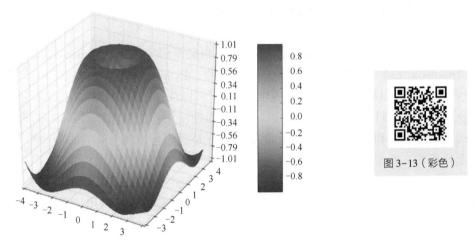

图 3-13（彩色）

图 3-13　用 mpl_ toolkits 包绘制的 3D 曲面

（2）绘制曲面，如以下代码：

```
from mpl_toolkits. mplot3d import Axes3d
from matplotlib import cm
from matplotlib. ticker import LinearLocator,FormatStrFormatter
import matplotlib. pyplot as plt
import numpy as np
fig = plt. figure(figsize=(12,9))
ax = fig. gca(projection='3d')
#生成 Z
R = np. sqrt(X* * 2 + Y* * 2)
Z = np. sin(R)

surf = ax. plot_surface(X,Y,Z,rstride=1,cstride=1,cmap=cm.
coolwarm,linewidth=0,antialiased=False)
ax. set_zlim(-1.01,1.01)
```

```
ax.zaxis.set_major_locator(LinearLocator(10))
ax.zaxis.set_major_formatter(FormatStrFormatter('%.02f'))
fig.colorbar(surf,shrink=0.6,aspect=6)
plt.show()
```

注意，为了实现 3D 绘图，必须确保 matplotlib 和 NumPy 已安装。Anaconda 默认已安装这些软件包。

3.2.2 绘制方形树状图

我们在第 2 章讨论了比较和排序示例，下面使用 squarify 算法（基于 matplotlib）显示非洲 GDP 排名前 12 的国家，可以获得类似于树状图的图，如以下代码：

```
#方形树状图:源代码文件 squarify.py
#运行代码的算法来自 Bruls,Huizing,van Wijk,"Squarified Treemaps"
#squarify 是由 Uri Laserson 创建的
def normalize_sizes(sizes,dx,dy):
 total_size = sum(sizes)
 total_area = dx * dy
 sizes = map(float,sizes)
 sizes = map(lambda size:size * total_area / total_size,sizes)
 return sizes

def pad_rectangle(rect):
 if rect['dx'] > 2:
  rect['x'] += 1
  rect['dx'] -= 2
  if rect['dy'] > 2:
  rect['y'] += 1
  rect['dy'] -= 2

def layoutrow(sizes,x,y,dx,dy):
  covered_area = sum(sizes)
  width = covered_area / dy
  rects = []
  for size in sizes:
   rects.append({'x':x,'y':y,'dx':width,'dy':size / width})
   y += size / width
  return rects
```

```
def layoutcol(sizes,x,y,dx,dy):
  covered_area = sum(sizes)
  height = covered_area / dx
  rects = []
  for size in sizes:
    rects.append({'x':x,'y':y,'dx':size / height,'dy':height})
    x += size / height
  return rects

def layout(sizes,x,y,dx,dy):
  return layoutrow(sizes,x,y,dx,dy)if dx >= dy else
  layoutcol(sizes,x,y,dx,dy)

def leftoverrow(sizes,x,y,dx,dy):
  covered_area = sum(sizes)
  width = covered_area / dy
  leftover_x = x + width

  leftover_y = y
  leftover_dx = dx - width
  leftover_dy = dy
  return(leftover_x,leftover_y,leftover_dx,leftover_dy)

def leftovercol(sizes,x,y,dx,dy):
  covered_area = sum(sizes)
  height = covered_area / dx
  leftover_x = x
  leftover_y = y + height
  leftover_dx = dx
  leftover_dy = dy - height
  return(leftover_x,leftover_y,leftover_dx,leftover_dy)

def leftover(sizes,x,y,dx,dy):
  return leftoverrow(sizes,x,y,dx,dy)if dx >= dy else
  leftovercol(sizes,x,y,dx,dy)

def worst_ratio(sizes,x,y,dx,dy):
  return max([max(rect['dx'] / rect['dy'],rect['dy'] / rect['dx'])for rect in
layout(sizes,x,y,dx,dy)])
```

```
def squarify(sizes,x,y,dx,dy):
    sizes = map(float,sizes)
    if len(sizes)==0:
     return []
    if len(sizes)==1:
     return layout(sizes,x,y,dx,dy)
    i = 1
    while i < len(sizes)and worst_ratio(sizes[:i],x,y,dx,dy)>=worst_ratio(sizes
[:(i+1)],x,y,dx,dy):
     i += 1
    current = sizes[:i]
    remaining = sizes[i:]
    (leftover_x,leftover_y,leftover_dx,leftover_dy)=leftover(current,x,y,dx,dy)
    return layout(current,x,y,dx,dy)+ \
  squarify(remaining,leftover_x,leftover_y,leftover_dx,leftover_dy)

 def padded_squarify(sizes,x,y,dx,dy):
  rects = squarify(sizes,x,y,dx,dy)
  for rect in rects:
   pad_rectangle(rect)
  return rects
```

上述代码中显示的 squarify() 函数可用于展示非洲 GDP 排名前 12 的国家，其实现如以下代码所示：

```
import matplotlib.pyplot as plt
import matplotlib.cm
import random
import squarify
x = 0
y = 0
width = 950
height = 733
norm_x=1000
norm_y=1000

fig = plt.figure(figsize=(15,13))
ax=fig.add_subplot(111,axisbg='white')

initvalues = [285.4,188.4,173,140.6,91.4,75.5,62.3,39.6,29.4,28.5,26.2,22.2]
  values = initvalues
```

```
labels = ["South Africa","Egypt","Nigeria","Algeria","Morocco",
"Angola","Libya","Tunisia","Kenya","Ethiopia","Ghana","Cameron"]
colors = [(214,27,31),(229,109,0),(109,178,2),(50,155,18),
(41,127,214),(27,70,163),(72,17,121),(209,0,89),
(148,0,26),(223,44,13),(195,215,0)]

#将RGB数值(r,g,b)归一化到[0,1]使其满足matplotlib作图需求
for i in range(len(colors)):
r,g,b = colors[i]
colors[i] = (r / 255.,g / 255.,b / 255.)

#值必须降序排列
values.sort(reverse=True)

#这些值的总和必须等于要铺设的总面积
values = squarify.normalize_sizes(values,width,height)

#在某些情况下,加上边缘的矩形可能会有更好的视觉效果
rects = squarify.padded_squarify(values,x,y,width,height)
cmap = matplotlib.cm.get_cmap()

color = [cmap(random.random()) for i in range(len(values))]
x = [rect['x'] for rect in rects]
y = [rect['y'] for rect in rects]
dx = [rect['dx'] for rect in rects]
dy = [rect['dy'] for rect in rects]
ax.bar(x,dy,width=dx,bottom=y,color=colors,label=labels)
va = 'center'
idx=1

for l,r,v in zip(labels,rects,initvalues):
    x,y,dx,dy = r['x'],r['y'],r['dx'],r['dy']
    ax.text(x + dx / 2,y + dy / 2+10,str(idx)+"-->"+l,va=va,ha='center',color='white',
fontsize=14)
    ax.text(x + dx / 2,y + dy / 2-12,"($"+str(v)+"b)",va=va,ha='center',color='white',
fontsize=12)
    idx = idx+1
ax.set_xlim(0,norm_x)
ax.set_ylim(0,norm_y)
plt.show()
```

上述代码的运行结果如图 3-14 所示。

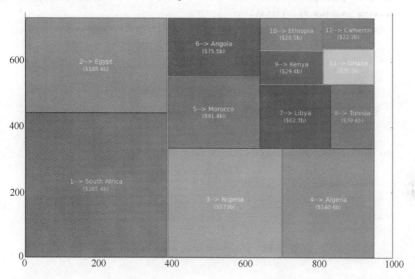

图 3-14　非洲 GDP 排名前 12 的国家

3.3　交互式可视化的库

除上述可视化工具外，还有其他可视化工具。其中，有两个很受欢迎的可视化库：bokeh 和 VisPy。它们主要用于数据分析。

3.3.1　bokeh

bokeh 是一个用 Python 开发的交互式可视化库，旨在通过 Web 浏览器工作。bokeh 这个名字源于一个日语单词，用于描述图像的模糊或失焦部分。bokeh 的目标是开发一个与 D3.js 美学非常相似的库。bokeh 可写入 HTML5 Canvas 库，因此 bokeh 可以在支持 HTML5 的浏览器上工作。这一点很有用，因为我们希望将基于 JavaScript 的绘图与基于 Python 的绘图进行比较。

本书不会详细介绍 bokeh，读者可以在其官网上阅读和探索更多相关信息。重要的是了解 bokeh 库的依赖关系。在安装 bokeh 库之前，需要利用命令 conda install jsonschema 安装 jsonschema 包，命令执行结果如图 3-15 所示。

3.3.2　VisPy

VisPy 是一个用于 2D 或 3D 绘图的可视化库，具有交互性和高性能。我们可以通过

```
Fetching package metadata: ....
Solving package specifications: .
Package plan for installation in environment /Users/MacBook/anaconda:

The following packages will be downloaded:

    package                     |                build
    ----------------------------|-----------------
    jsonschema-2.4.0            |           py27_0              51 KB

The following NEW packages will be INSTALLED:

    jsonschema: 2.4.0-py27_0

Proceed ([y]/n)?
```

图 3-15　用 Conda 安装 jsonschema 包

VisPy 利用 OpenGL 知识快速创建可视化图表，VisPy 还提供了不要求对 OpenGL 深入了解的方法。更多 VisPy 信息可以阅读其官方文档获取。为了安装 VisPy 库，可以尝试使用 conda install vispy 命令，如果报错，可使用 binstar search-t conda vispy 命令，并得到图 3-16 所示的响应效果。

```
Fetching package metadata: ......
Solving package specifications: .
Package plan for installation in environment /Users/MacBook/anaconda:

The following packages will be downloaded:

    package                     |                build
    ----------------------------|-----------------
    numpy-1.8.2                 |           py27_0             2.9 MB
    vispy-0.3.0                 |        np18py27_0            679 KB
    ------------------------------------------------
                                          Total:            3.6 MB

The following NEW packages will be INSTALLED:

    vispy: 0.3.0-np18py27_0

The following packages will be DOWNGRADED:

    numpy: 1.9.2-py27_0 --> 1.8.2-py27_0

Proceed ([y]/n)?
```

图 3-16　用 Conda 安装 VisPy 库

3.4 总结

Python 有数量庞大的标准库，这通常被认为是 Python 的最大优势之一。Python 标准库包括创建图形用户界面、连接到关系数据库、伪随机数生成器、任意精度小数的算术、操作正则表达式的模块。此外，还有用于绘制 2D 和 3D 图形、机器学习和统计算法等的高性能软件包。

在本章我们了解到，数据可视化的 IDE 工具(如 Canopy 和 Anaconda)从计算和可视化的角度以及在许多其他领域都能够帮助我们进行高效的开发。这些工具有许多有效的方法可以用于实现可视化展示。在接下来的几章中，我们将使用本章介绍的工具和包进行一些有趣的示例展示。

本章习题

一、选择题

1. (单选)关于 Python IDE 的说法，错误的是(　　)。
   A. 高亮代码语法(立即显示错误或警告)
   B. 在调试模式下允许单步运行代码
   C. IDE 在不同 Python 版本中的操作是完全一致的
   D. 交互式控制台和对话框

2. (多选)关于 IPython 基本命令，下面说法错误的是(　　)。
   A. ? 用于提供关于 Python 的帮助
   B. --help-all 用于对 IPython 的特性的介绍和概述等
   C. %who/%whos 用于提供有关标识符的信息
   D. %quickref 用于提供快速参考

3. (单选)关于 Anaconda 可视化，下面说法错误的是(　　)。
   A. Plotly 图表是交互式的，可以通过修改代码和交互式操作来查看结果
   B. pygooglechart 是一个 3D 绘图包，支持基于 Python 编写脚本
   C. NetworkX 是一个 Python 语言软件包，用于创建、操作和研究复杂网络的结构和功能
   D. Veusz 是一个用 Python 和 PyQt 编写的 GPL 科学绘图包。Veusz 也可以嵌入其他 Python 程序中

4. (多选)下面属于 Python IDE 的是(　　)。

A. PyCharm，提供基于 Java Swing 的用户界面

B. PyDev，提供基于 SWT 的用户界面(适用于 Eclipse)

C. Continuum Analytics 开发的 Spyder(Anaconda Distribution)，基于 PyQt

D. Interactive Editor for Python(IEP)

5. (多选)下面关于 Python IDE，说法正确的是(　　)。

A. Conda 是一个命令行工具，用于管理 Python 的环境和包

B. Anaconda IDE 有两个重要的组件并且基于 Conda 包管理器，即 Conda 和Spyder

C. 作为一个跨平台的 Python IDE，IEP 主要关注交互性和代码内省，其实用设计旨在简单和高效，非常适合大规模的科学计算

D. 只要一个 Eclipse 的插件便能够使用其他常规的 IDE 可能有的默认功能

二、简答题

1. 简述当前流行的 Python IDE，并介绍其特点。

2. 简述目前流行的交互式数据可视化工具。

第4章 数值计算与交互式绘图

高性能数值计算领域是许多学科和技能的交叉口。当今，高性能计算资源的使用，需要编程、数据科学和应用数学的知识和技能。近年来，计算在科学中的作用不可忽视，不同水平的编程语言（如 R、MATLAB、Python）在学术研究和科学计算中很常见。今天，Python 在科学计算中扮演重要角色是有充分理由的。Python 社区汇集了许多高效的工具和包，它们不仅被研究机构使用，而且被成熟的公司或组织使用。

【本章学习目标】

（1）了解 NumPy、SciPy 和 MKL 函数；

（2）了解数值索引和逻辑索引；

（3）了解数据结构之堆栈、队列、元组、集合、字典树以及字典；

（4）能够使用 matplotlib 实现图形可视化；

（5）通过例子使用 NumPy 和 SciPy 进行优化和插值；

（6）认识 Python 与 NumPy 集成并了解 Python 的优势。

4.1 NumPy、SciPy 和 MKL 函数

许多科学数值计算都需要以向量和矩阵的形式表示数据，而 NumPy 以数组的方式表示数据。

NumPy 和 SciPy 是 Python 的计算模块，它们通过预编译的快速函数来提供方便使用的数学和数值方法。NumPy 库提供了操作数据数组和矩阵的基本函数。SciPy 库通过一系列有用的算法和应用数学技术扩展了 NumPy。在 NumPy 中，ndarray 表示具有已知大小的多维齐次数组对象。

4.1.1 NumPy 介绍

NumPy 不仅提供数组对象，还提供线性代数函数，可以方便地用于计算。它提供了数组和相关数组功能的快速实现。

4-1 NumPy（1）

1. NumPy 通用函数

通用函数（ufunc）是一个通过每个元素对 ndarray 进行操作的函数，它支持类型转换。换句话说，ufunc 是接受标量输入并产生标量输出的函数的矢量化包装器。

NumPy 通用函数的执行速度比 Python 函数的快，因为循环是在编译后的代码中运行的。此外，由于数组是有类型的，因此在各种类型的计算发生之前，用户就知道它们的类型。

这里展示了一个简单的 ufunc 操作每个元素的例子：

```
import numpy as np
x = np. random. random(5)
print(x)
print(x + 1)#对向量 x 在每个元素上加 1
```

另一个例子是 np. add 和 np. subtract，分别执行加法和减法的操作，有兴趣的读者可以自己尝试一下。

NumPy 的 ndarray 类似于 Python 列表，但它在存储同类型的对象方面相当严格。换句话说，在 Python 列表中，可以混合使用元素类型，如第一个元素为数值，第二个元素为列表，第三个元素为另一个列表（或字典）。

对于大规模数组而言，ndarray 元素的操作性能相比 Python 列表要好得多。下面的例子通过测量运行时间演示了使用 ndarray 元素操作更快。如果读者对 NumPy 的实现感兴趣，可以在 NumPy 的官网上找到相关的文档进一步学习。

```
import numpy as np
arr = np. arange(1000000)
listarr = arr. tolist()
def scalar_multiple(alist,scalar):
  for i,val in enumerate(alist):
    alist[i] = val * scalar
  return alist
#使用 IPython 的函数计时
timeit arr * 2.4
10 loops,best of 3:31.7 ms per loop
```

```
#计算以上结果使用了 31.7 ms (注意单位不是 s)
timeit scalar_multiple(listarr,2.4)
1 loops,best of 3:1.39 s per loop
#计算以上结果使用了 1.39 s (注意单位是 s)
```

在上面的代码中，每个数组元素占用 4B。因此，100 万个整数数组元素大约占用 44MB 内存，而列表使用 711MB 的内存。但是，对于较小的集合，操作数组要慢一些；对于较大的集合，数组使用的内存空间更少，而且操作起来比列表快得多。

NumPy 包含许多有用的函数，大致分为三角函数、算术函数、指数函数和对数函数以及其他函数。在繁杂的函数中，convolve() 用于线性卷积，interp() 用于线性插值。此外，对于大多数涉及等间距数据的实验工作，linspace() 和 random.rand() 函数是少数被广泛使用的函数。

2. 矩阵维度和重塑操作

更改现有数组的维度比使用旧数组创建新数组更有效。在下面的代码中，数组首先存储在变量 a 中，然后 a 被重塑。

```
import numpy as np
a = np.array([[1,2,3,4,5,6],[7,8,9,10,11,12]])
print(a)
[[ 1 2 3 4 5 6]
 [ 7 8 9 10 11 12]]
#通过 shape 属性可以查看变量的维度
a.shape
(2,6)
#接下来改变变量的维度
a.shape = (3,4)
print(a)
[[1 2 3 4]
 [ 5 6 7 8]
 [ 9 10 11 12]]
```

shape() 函数和 reshape() 函数的反向操作是 ravel()，如下面的代码所示：

```
#ravel() 的例子
a = np.array([[1,2,3,4,5,6],[7,8,9,10,11,12]])
a.ravel()
array([ 1,2,3,4,5,6,7,8,9,10,11,12])
```

3. 插值

下面是一个使用 interp() 插值的例子：

```
n=100
import numpy as np
import matplotlib.pyplot as plt
#创建长度为 n、取值为 0~4π 的向量
x = np.linspace(0,4* np.pi,n)
y = np.sin(x)
#对 y 进行插值
yinterp = np.interp(x,x,y)
#绘制出插值点的曲线,'-x'代表插值点的形状
plt.plot(x,yinterp,'-x')
plt.show()
```

4-2　NumPy(2)

图 4-1 显示的图像是一个简单的正弦曲线插值结果。

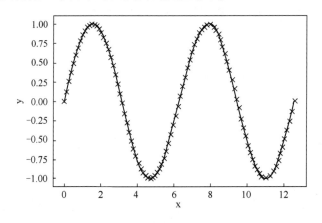

图 4-1　正弦曲线插值结果

4. 向量化函数

在 NumPy 和 SciPy 中通过 vectorize() 对函数进行向量化处理非常有效。vectorize() 能够通过逐元素应用相同的规则，将采用标量作为参数的函数转换为采用数组作为参数的函数，我们将在这里用两个例子来说明这一点。

第一个例子，定义一个函数 addition()，该函数采用 3 个标量参数来生成一个接收 3 个

数组参数的向量化函数，如以下代码：

```
import numpy as np
def addition(x,y,z):
  return x + 2* y + 3* z
def addpoly():
  i = np.random.randint(25)
  poly1 = np.arange(i,i+10)
  i = np.random.randint(25)
  poly2 = np.arange(i,i+10)
  poly3 = np.arange(10,20)
  print(poly1)
  print(poly2)
  print(poly3)
  print('-'* 32)
  vecf = np.vectorize(addition)
  print(vecf(poly1,poly2,poly3))
addpoly()
[ 8 9 10 11 12 13 14 15 16 17]
[ 5 6 7 8 9 10 11 12 13 14]
[10 11 12 13 14 15 16 17 18 19]
--------------------------------
[23 26 29 32 35 38 41 44 47 50]
```

请注意，arange()是 Python 内置 range()函数的"数组值"版本。

第二个例子，定义一个接收一个标量参数的函数 posquare()来生成一个接收一个数组参数的向量化函数，如下面的代码所示：

```
import numpy as np
def posquare(x):
  if x >= 0:return x* * 2
  else:return -x
i = np.random.randint(30)
poly1 = np.arange(i,i+10)
print(poly1)
[ 3 4 5 6 7 8 9 10 11 12]
vecfunc = np.vectorize(posquare,otypes=[float])
vecfunc(poly1)
array([ 9.,16.,25.,36.,49.,64.,81.,100.,121.,144.])
```

还有一个有趣的例子。在这个例子中，3 种处理向量的方法的运行时间被记录下来，因此可以比较哪种方法更快，如以下代码：

```
import numpy as np
from time import time
def incrembyone(x):
  return x + 1
dataarray=np.linspace(1,10,1000000)
t1=time()
lendata = len(dataarray)
print("Len = "+str(lendata))
print(dataarray[1:7])
for i in range(lendata):
  dataarray[i]+=1
  print(" time for loop(No vectorization)->" + str(time()- t1))
t2=time()
vecincr = np.vectorize(incrembyone) #1
vecincr(dataarray) #2
print(" time for vectorized version-1:" + str(time()- t2))
t3 = time()
#通过以下的方法增加元素的值比较高效
dataarray+=1
print(dataarray[1:7])
print("time for vectorized version-2:" + str(time()- t3))

Len = 1000000
[1.000009 1.000018 1.000027 1.000036 1.000045 1.000054]
time for loop(No vectorization)->0.373765850067
time for vectorized version-1:0.1701500415802002
[2.000009 2.000018 2.000027 2.000036 2.000045 2.000054]
time for vectorized version-2:0.0013360977172851562
```

除了向量化技术之外，还有一种简单的编码实践可以使程序更有效率。那就是在循环中使用前缀符号，最佳实践是创建一个本地别名并在循环中使用该别名，如以下代码：

```
fastsin = math.sin
x = range(1000000)
for i in x:
    x[i] = fastsin(x[i])
```

5. NumPy 线性代数总结

表 4-1 展示了 NumPy 包在线性代数方面的一些常用函数。

表 4-1 NumPy 包在线性代数方面的常用函数

函数名	描 述
dot(a,b)	计算两个数组的点积
Linalg. norm(x)	计算一个矩阵或向量范数
Linalg. cond(x)	计算条件数
Linalg. solve(A,b)	求解线性方程组 $Ax=b$，其输出结果为 x 的值
Linalg. inv(A)	计算矩阵 A 的逆矩阵
Linalg. pinv(A)	计算矩阵 A 的伪逆矩阵
Linalg. eig(A)	计算矩阵 A 的特征值/向量
Linalg. eigvals(A)	计算矩阵 A 的特征值
Linalg. svd(A)	对矩阵 A 进行奇异值分解(Singular Value Decomposition,SVD)

4.1.2 SciPy 介绍

NumPy 已经有很多方便的函数可以用于计算。那么，为什么我们需要 SciPy？SciPy 是 NumPy 在数学、科学和工程方面的扩展，它有许多可用于线性代数、积分、插值、快速傅里叶变换、大矩阵操作、统计计算等的子包。表 4-2 显示了 SciPy 子包的简要描述。

4-3 SciPy 和 MKL

表 4-2 SciPy 子包的简要描述

SciPy 子包	功能的简要描述
scipy. cluster	指定了用于聚类的函数，包括矢量化和 k-means（k 均值）
scipy. integrate	指定了使用梯形、Simpson's、Romberg 和其他方法运行数值积分的函数。它还指定了常微分方程的积分函数。可以使用函数 quad()、dblquad() 和 tplquad() 对函数对象执行单重、双重和三重集成
scipy. interpolate	表示离散数值数据插值对象和线性样条插值对象的函数和类
scipy. linalg	NumPy 中 linalg 包的包装器。NumPy 的所有功能都是 SciPy 的一部分

除了前面列出的子包，SciPy 还有一个包 SciPy. io。SciPy. io 中的函数 spio. loadmat() 用来加载矩阵，函数 spio. savemat() 用来保存矩阵，函数 spio. imread() 用来读取图像。当需要用 Python 开发计算程序时，最好检查 SciPy 文档以查看它是否包含已经完成预期任务的函数。

我们看一个使用 SciPy. polyId() 的例子：

```
import scipy as sp
#定义两个多项式相乘的函数
def multiplyPoly():
 cubic1 = sp.polyId([1,2,3,5])
 cubic2 = sp.polyId([2,3,-1,2])
 print(cubic1)
 print(cubic2)
 print('-'* 12)
 #输出多项式相乘的结果
 print(cubic1 *  cubic2)
multiplyPoly()#结果如下所示
3  2    1 0
x + 2 x + 3 x + 5
3  2    1 0
2 x + 3 x - 1 x + 2
--------------------------------
6   5    4    3    2    1 0
2 x + 7 x + 11 x + 19 x +16 x + 1 x + 10
```

上述多项式相乘输出结果可以这么理解：6、5、4、3、2、1 和 0 分别代表 6 次方项、5 次方项、4 次方项、3 次方项、2 次方项、1 次方项和常数项，因此输出结果与传统逐项法中的乘法相匹配：

$$(x^3+2\,x^2+3x+5)\,(2\,x^3+3\,x^2-x+2)=2\,x^6+7\,x^5+11\,x^4+19\,x^3+16\,x^2+x+10$$

因此，多项式表示法可以用于积分、微分和其他物理计算。

SciPy 提供了许多不同类型的插值函数。以下例子使用函数 interpolate. splev() 和函数 interpolate. splprep() 进行插值：

```
import numpy as np
import matplotlib.pyplot as plt
import scipy as sp
import scipy. interpolate
t = np. arange(0,3,.1)
x = np. sin(2* np. pi* t)
y = np. cos(2* np. pi* t)
tcktuples,uarray = sp. interpolate. splprep([x,y],s=0)
unew = np. arange(0,1.01,0.01)
splinevalues = sp. interpolate. splev(unew,tcktuples)
```

```
plt.figure(figsize=(7,7))
plt.plot(x,y,'x',splinevalues[0],splinevalues[1],
np.sin(2* np.pi* unew),np.cos(2* np.pi* unew),x,y,'b')
plt.legend(['线性','三次样条','实际曲线'])
plt.axis([-1.25,1.25,-1.25,1.25])
plt.title('参数化样条插值曲线')
plt.show()
```

图 4-2 所示是使用 SciPy 进行样条插值的结果。

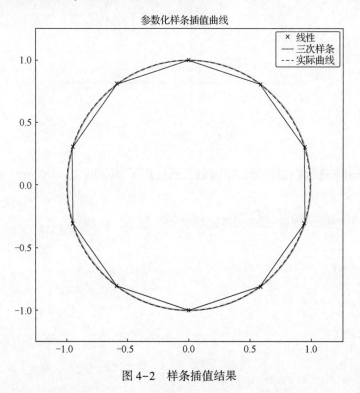

图 4-2　样条插值结果

接下来我们看一个数值积分的例子，并使用一些 SciPy 函数（如 Simpson() 和 Romberg()）求解线性方程，并将它们与 NumPy 函数进行比较。

我们知道，$f(x) = 16 - x^2$ 这样的函数从 -4 到 4 的积分结果为 $256/3$，图 4-3 显示了 $y = 16 - x^2$ 的曲线（沿 y 轴对称）。

$$\int_{-4}^{4} (16 - x^2)\, dx = 16(4 + 4) - \frac{1}{3}(4^3 + 4^3) = \frac{256}{3}$$

51

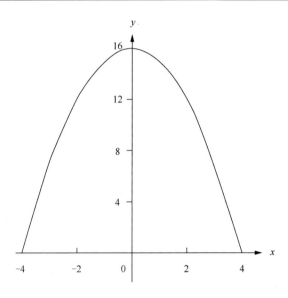

图 4-3 数值积分结果

如何使用 SciPy 进行数值积分？下面的代码使用了 NumPy 的 romberg() 函数计算积分。

```python
import numpy as np
from scipy.integrate import simps,romberg
a = -4.0;b = 4.0;
N = 30
x = np.linspace(a,b,N)
y = 16-x* x
yromb = lambda x:(16-x* x)
t = np.trapz(y,x)
s = simps(y,x)
r = romberg(yromb,a,b)
#实际积分值
aiv = (16* b-(b* b* b)/3.0)-(16* a-(a* a* a)/3.0)
print('trapezoidal = {0}({1:% } error)'.format(t,(t - aiv)/aiv))
print('simpsons = {0}({1:% } error)'.format(s,(s - aiv)/aiv))
print('romberg = {0}({1:% } error)'.format(r,(r - aiv)/aiv))
print('actual value = {0}'.format(aiv))
trapezoidal = 85.23(-0.118906% error)
simpsons = 85.33(-0.004100% error)
romberg = 85.33(-0.000000% error)
actual value = 85.33
```

1. 解线性方程组

让我们试着解一个有 3 个变量 x、y、z 的线性方程组，如下所示：

$$\begin{cases} 2x + 2y - z = 5 \\ 3x - 3y + 2z = -1 \\ 2x + y - z = 3 \end{cases}$$

NumPy 提供了一种方便的方法 np. linalg. solve() 来求解线性方程。但是，输入应为向量形式。下面的程序展示了如何求解线性方程。

```
import numpy as np
#A 表示系数矩阵
A = np.array([[2,2,-1],
[3,-3,2],
[2,1,-1]])
#b 表示常数向量
b = np.array([5,-1,3])
#通过 np.linalg.solve()计算结果
v = np.linalg.solve(A,b)
#v 是所得的结果
print("The solution vector is ")
print(v)
#通过所得的 v 验证结果是否正确
print(np.dot(A,v) == b)
[ 1. 2. 1.]
[ True True True]
```

注意，np. dot(A, v)表示矩阵乘法。解向量 $v = (1, 2, 1)$ 是正确的预期结果。

2. 向量化的数值导数

下面，我们将介绍 NumPy 提供的向量化数值导数。根据求导规则，$\dfrac{\mathrm{d}}{\mathrm{d}x}\left(\dfrac{1}{1 + \sin^2(x)}\right) = \dfrac{-\sin 2x}{(1 + \sin^2(x))^2}$。通过在 Python 中应用向量化方法来计算导数不需要循环，我们将看到以下代码：

```
import numpy as np
import matplotlib.pyplot as plt
```

```
x = np.linspace(-np.pi/2,np.pi/2,50)
y = 1/(1+np.sin(x)* np.sin(x))
dy_actual = -np.sin(2* x)/(1+np.sin(x)* np.sin(x))* * 2
fig = plt.figure(figsize=(7,7))
ax=fig.add_subplot(111,fc ='white')
#我们需要提前指定 dy 的大小
dy = np.zeros(y.shape,np.float)
dy[0:-1] = np.diff(y)/ np.diff(x)
dy[-1] = (y[-1] - y[-2])/(x[-1] - x[-2])
plt.plot(x,y,linewidth=3,color='b',label='实际函数')
plt.plot(x,dy_actual,label='实际函数导数',linewidth=2,
color='r')
plt.plot(x,dy,label='前向差',linewidth=2,color='g')
plt.legend(loc='upper left')
plt.show()
```

在上面的例子中，我们可以看到如何在同一图中绘制实际函数、其导数和前向差。实际函数导数被插入 dy_ actual ，并且使用 NumPy 中的 diff() 计算前向差。图 4-4 所示是上述代码的结果。

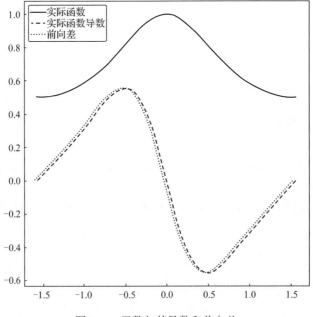

图 4-4　函数与其导数和前向差

4.1.3　MKL 函数介绍

英特尔(Intel)的 MKL(Math Kernel Library)提供了向量和矩阵的高性能例程。此外，MKL 还包括 FFT 函数和向量统计函数。这些函数已经得到了增强和优化，可以在 Intel 处理器上高效地工作。对于 Anaconda 用户，Continuum 将这些 FFT 函数打包到 Python 库的二进制版本中，用于 MKL 优化。MKL 优化可以作为 Anaconda Accelerate 包的一部分。图 4-5 显示了 MKL 对计算速度的影响，图来自 MKL 优化模块的官网。

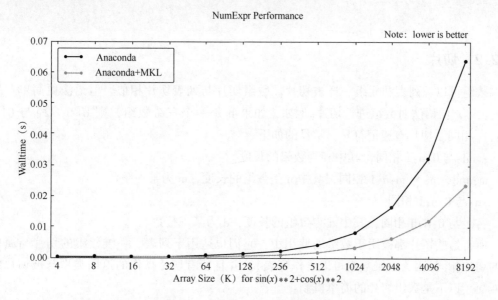

图 4-5　MKL 对计算速度的影响

4.2　标量选择、切片与索引

4-4　标量选择、切片与索引

4.2.1　标量选择

标量选择是从数组中选择元素的最简单方法，一维数组使用[rowindex]，二维数组使用[rowindex, columnindex]等。以下是显示数组元素引用的简单代码：

```
import numpy as np
x = np.array([[3.0,2,1,3],[2,4,1,5]])
```

```
x[1,2]
1.0
```

纯标量选择总是返回单个元素而不是数组。所选元素的数据类型与选择中使用的数组的数据类型相匹配。标量选择也可以用来给数组元素赋值，如以下代码：

```
x[1,2] = 3
x
array([[3.,2.,1.,3.],
    [2.,4.,3.,5.]])
```

4.2.2　切片

数组可以像列表和元组一样被切片。数组切片与列表切片相似，但语法更简单。使用[:,:,... :]语法对数组进行切片。例如，如果 b 是一个三维数组，则 b[0：2]与 b[0：2,:,:]相同。切片有速记符号，常见的如下。

:and:与 0:n:1 相同，其中 n 为数组的长度。

m:andm:n:与 m:n:1 相同，其中 n 是数组的长度，m 为某一整数。

:n:与 0:n:1 相同。

::d:与 0:n:d 相同，其中 n 为数组的长度，d 为某一整数。

所有这些切片都被用于数组的使用中，它们也适用于列表。一维数组的切片与简单列表的切片相同(因为一维数组可以看作列表)，并且所有切片操作的返回类型与被切片的数组匹配。以下是数组切片的简单机制：

```
import numpy as np
x = np.array([14,15,16,17,18,19,20,5,6,7,8,9,10,11,12,13])
#默认起始位置,终止位置为2
y = x[:2]
y
array([14,15])
#默认起始和终止位置,步长为2
y = x[::2]
y
array([14,16,18,20,6,8,10,12])
```

如果将具有一种数据类型的元素插入具有不同数据类型的数组，NumPy 会尝试自动转换数据类型。如果数组元素是整数数据类型，将浮点数放入数组会导致浮点数被截断并被存储为整数，这会很容易出错。因此在这种情况下，数组在被初始化时应包含浮点类型的数据。这个例子表明，即使数组中只有一个元素是浮点数，其余的都是整数，为了让数组正常工作，它会被初始化为浮点类型。

```
a = [2.0,4,3,6,5]
b = np.array(a)
b.dtype
dtype('float64')
```

矩阵中的数据以行优先顺序存储，这意味着矩阵中的元素先对行进行索引，再对列进行索引。例如，在下面的矩阵 A 中，有 3 行 3 列，元素按 1、2、3、4、5、6、7、8、9 的顺序读取(对于每一行，按列排列)。

$$A = \begin{bmatrix} 1 & 2 & 3 \\ 4 & 5 & 6 \\ 7 & 8 & 9 \end{bmatrix}$$

线性切片按照读取元素的顺序为数组的每个元素分配一个索引。在二维数组或列表中，线性切片首先计算行数，然后向下计算列数。为了使用线性切片，必须使用 flat() 函数，如以下代码所示：

```
a=np.array([[1,2,3],[4,5,6],[7,8,9]])
b = a.flat[:]
print(b)
[1 2 3 4 5 6 7 8 9]
```

4.2.3　数组索引

NumPy 数组中的元素可以使用 4 种方法进行选择：标量选择、切片、数值索引和逻辑(或布尔)索引。标量选择和切片是访问数组元素的基本方法，前文已经讨论过了。数值索引和逻辑索引紧密相关，选择更加灵活。数值索引使用位置列表或数组来选择元素，而逻辑索引使用包含布尔值的数组来选择元素。

1. 数值索引

数值索引是切片表示法的替代方法。数值索引是指使用坐标来选择元素。这类似于切片。使用数值索引创建的数组会创建数据的副本，而切片只是数据的视图，而不是副本。出于性能考虑，应该使用切片。切片类似于一维数组，但切片的形状由切片输入决定。

注意数值索引可以是列表也可以是 NumPy 数组，并且必须包含整数数据，如以下代码所示：

```
a = 5 * np.arange(4.0)
array([ 0.,5.,10.,15.])
a[[1]] #提取索引为 1 的元素
array([ 5.])
a[[0,3,2]] #提取索引为 0、3、2 的元素
array([ 0.,15.,10.])
sel = np.array([2,1,2,2,1,3]) #带有重复值的数组
a[sel]
array([10.,5.,10.,10.,5.,15.])
sel = np.array([[2,1],[3,2]])
a[sel]
array([[10.,5.],[15.,10.]])
```

这些例子表明，数值索引决定了元素的位置，而数值索引数组的形状决定了输出的形状。与切片类似，可以使用 flat() 函数组合数值索引，以使用数组的行优先顺序从数组中选择元素。使用 flat() 进行数值索引的行为与在基础数组的"扁平"版本上使用数值索引的行为相同。这里给出了几个例子：

```
a = 5 * np.arange(8.0)
array([ 0.,5.,10.,15.,20.,25.,30.,35.])
a.flat[[3,4,1]]
array([ 15.,20.,5.])
a.flat[[[3,4,7],[1,5,3]]]
array([[ 15.,20.,35.],[ 5.,25.,15.]])
```

2. 逻辑索引

逻辑索引不同于切片和数值索引，逻辑索引使用逻辑来选择元素、行或列。逻辑类似于电灯开关，或开（为真）或关（为假）。纯逻辑索引使用一个逻辑数组，该逻辑数组与原数组大小相同，并且总是返回一个一维数组，如以下代码：

```
x = np.arange(-5,4)
x < 0
array([ True,True,True,True,True,False,False,False,False])
x[x>0]
array([1,2,3])
```

```
x[abs(x)>=2]
array([-5,-4,-3,-2,2,3])
#对于二维的情况也会返回一维的数组
x = np.reshape(np.arange(-8,8),(4,4))
x
array([[-8,-7,-6,-5],
    [-4,-3,-2,-1],
    [ 0,1,2,3],
    [ 4,5,6,7]])
x[x<0]
array([-8,-7,-6,-5,-4,-3,-2,-1])
```

下面是另一个演示逻辑索引的例子：

```
from math import isnan
a = [[1,2,float('NaN')],[4,6,5],[1,3,2],[2,-1,
float('NaN')]]
list2 = [1,3,5,6]
list1_valid = [elem for elem in a if not any([isnan(element)for
element in elem])]
list1_valid
[[4,6,5],[1,3,2]]
list2_valid = [list2[index] for index,elem in enumerate(a)if not
any([isnan(element)for element in elem])]
list2_valid
[3,5]
```

4.3　数据结构

　　Python 有堆栈、列表、集合、序列、元组、列表、堆、数组、字典和双端队列等数据结构。其中元组通常比列表更节省内存，因为元组是不可变的。

4.3.1　堆栈

　　众所周知，堆栈是一种抽象数据类型，其操作原理是后进先出。堆栈可作为队列使用，堆栈常用的操作包括使用 append() 在栈顶添加项，使用 pop() 从栈顶提取项，以及使用 remove() 删除项，如以下代码：

```
stack = [1,3,4]
stack.append(2)
```

```
stack.append(5)
stack
[1,3,4,2,5]
stack.remove(2)
stack
[1,3,4,5]
stack.pop()
5
stack.remove(5)
Traceback(most recent call last):
File "<ipython-input-339-61d6322e3bb8>",line 1,in <module>
stack.remove(8)
ValueError:list.remove(x):x not in list
```

如图 4-6 所示，pop() 函数是最有效的，因为除出栈元素，其他所有元素都保留在它们的位置。但是，对于正整数 k，当使用 pop(k) 删除列表的 $k<n$ 索引处的元素时，会移动所有后续元素以填补删除导致的空白。此操作的效率是线性的，因为移位量取决于索引 k 的选择。

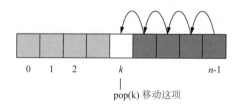

图 4-6   pop() 函数的使用方式

4.3.2　元组

元组是类似于列表的不可变对象序列。元组是异构数据结构，这意味着它们的元素具有不同的含义，而列表是元素的同质序列。元组有结构，列表有顺序。元组常用于表示星期、课程名称和评分等级等，如以下代码：

```
#创建 weekdays
weekdays =("Sunday","Monday","Tuesday","Wednesday","Thursday",
"Friday","Saturday")
#创建 courses
courses =("Chemistry","Physics","Mathematics","Digital Logic",
"Circuit Theory")
#创建 grades
grades =("A+","A","B+","B","C+","C","I")
```

元组具有不可变对象，这意味着你不能从元组中更改或删除元素。但是，元组可以被删除，如"del Grades"将删除 grades 元组。在此之后，如果尝试使用该元组，则会发生错误。以下是内置的元组函数。

cmp(tup1，tup2)：用来比较两个元组的元素。

len(tuple)：用来获取元组的总长度。

max(tuple)：用来确定元组中的最大值。

min(tuple)：用来确定元组中的最小值。

tuple(lista)：用来将 lista 转换为 tuple。

Python 有一个 max() 函数，用于找到列表中的最大值。如果我们传递一个字符串列表，max() 会返回当前列表中每个字符串首字母的字母序最大值对应的字符串。

```
weekdays =("Sunday","Monday","Tuesday","Wednesday","Thursday","Friday","Saturday")
print max(weekdays)
Wednesday
```

类似地，min() 会返回当前列表中每个字符串首字母的字母序最小值对应的字符串。

```
print min(weekdays)
Friday
```

当需要确定元组或列表中有多少个元素时，使用 len() 是一种方便的方法。

```
len(weekdays)
7
```

4.3.3 集合

集合与列表类似，但两者在两个方面有所不同。首先，与列表相比，集合是无序的。其次，集合没有重复项。集合的表示法如以下代码：

```
setoftrees = { 'Apple','Cherry','Orange','Peach','Strawberry'}
newtree = 'Banana'
if newtree not in setoftrees:setoftrees.add(newtree)
```

现在使用 setoftrees 命令，可以看到 setoftrees 中有什么。

```
setoftrees #得到如下结果
{ 'Apple','Banana','Cherry','Orange','Peach','Strawberry'}
```

然后，我们构建 charsinmath 和 charsinchem，如下所示：

```
#对字母进行集合操作的例子
charsinapp = set('Apple')
charsinora = set('Orange')
```

现在，让我们看看这些集合中的值是什么。

```
charsinapp #结果如下
{'A','e','l','p'}
charsinora #结果如下
{'O','a','e','g','n','r'}
```

为了找到设置的差异，我们需要显示如下的 charsinmath-charsinchem：

```
charsinmath-charsinchem #结果如下
{'l','p'}
```

4.3.4 队列

就像堆栈一样，列表可作为队列使用。和堆栈不同的是，队列的末尾或队列的开头可以添加或删除元素。但是在队列末尾添加和删除元素的话，元素的位置会发生变化。

幸运的是，Python 的 collections 包中有 deque，其中的 append()、pop()、appendleft() 和 popleft() 可以高效地实现从队列两端添加和删除元素，如以下代码：

```
from collections import deque
queue = deque(["Stephen","Thompson","Draymond","Andrew"])
queue. append("Jordon")
queue. append("Kevon ")
queue
deque(['Stephen','Thompson','Draymond','Andrew','Jordon','Kevon '])
queue. popleft()
'Stephen'
queue. pop()
'Kevon '
queue. appendleft('Gary')
queue
deque(['Gary','Thompson','Draymond','Andrew','Jordon'])
queue. append('Damion')
queue
deque(['Gary','Thompson','Draymond','Andrew','Jordon','Damion'])
```

4.3.5 字典

字典是由键/值对组成的无序数据值的集合，具有以键为索引访问值的独特优势。如果键是字符串，那么索引是如何工作的？键必须是可散列的。对键应用哈希函数以提取存储值的位置。换句话说，哈希函数接受一个键并返回一个整数。然后字典使用这个整数(或哈希值)来存储和检索值。下面是两个例子：

```
#例1:GDP 前 12 的非洲国家
gdp_dict = { 'South Africa':285.4,'Egypt':188.4,'Nigeria':173,
'Algeria':140.6,'Morocco':91.4,'Angola':75.5,'Libya':62.3,
'Tunisia':39.6,'Kenya':29.4,'Ethiopia':28.5,'Ghana':26.2,
'Cameron':22.2}
gdp_dict['Angola']
75.5
# 例2:英语与西班牙语中 1~10 的对应名称
english2spanish = { 'one':'uno','two':'dos','three':'tres',
'four':'cuatro','five':'cinco','six':'seis','seven':'seite',
'eight':'ocho','nine':'nueve','ten':'diez'}
english2spanish['four']
'cuatro'
```

键应该是不可变的以具有可预测的哈希值；否则，哈希值的变化将导致键处于不同的位置。此外，可能会发生不可预知的事情。默认字典不会按照插入的顺序保留值。因此，在插入后进行迭代，键/值对的顺序是任意的。

Python 的 collections 包有一个 OrderedDict() 函数，它可保持插入顺序中对的顺序。默认字典和有序字典的一个区别是，在前者中，如果它们具有一组相同的键/值对(不一定以相同的顺序)，那么总是返回 True，而在后者中，当它们具有一组相同的键/值对并且它们的顺序相同时，才返回 True。以下例子演示了这一区别：

```
dict = {}
dict['cat-chap1'] = 'Data Analysis and Visualization'
dict['cat-chap2'] = 'Getting Started with Python IDE'
dict['cat-sub1'] = 'Numeral Calculations'
dict['cat-sub2'] = 'Intersection plot'
dict['cat-hec1'] = 'Financial and Statistical Modeling'
dict['cat-hec2'] = 'Statistics and Machine Learning'
```

```
for key,val in dict.items():print(key,val)
cat-chap1 Data Analysis and Visualization
cat-chap2 Getting Started with Python IDE
cat-sub1 Numeral Calculations
cat-sub2 Intersection plot
cat-sec1 Financial and Statistical Modeling
cat-sec2 Statistics and Machine Learning
#使用OrderedDict()
from collections import OrderedDict
odict = OrderedDict()
odict['cat-chap1'] = 'Data Analysis and Visualization'
odict['cat-chap2'] = 'Getting Started with Python IDE'
odict['cat-sub1'] = 'Numeral Calculations'
odict['cat-sub2'] = 'Intersection plot'
odict['cat-hec1'] = 'Financial and Statistical Modeling'
odict['cat-hec2'] = 'Statistics and Machine Learning'
for key,val in odict.items():
  print(key,val)
cat-chap1 Data Analysis and Visualization
cat-chap2 Getting Started with Python IDE
cat-sec1 Numeral Calculations
cat-sec2 Intersection plot
cat-sub1 Financial and Statistical Modeling
cat-sub2 Statistics and Machine Learning
```

例如，我们要对图书馆的图书进行索引，那么使用"国际标准书号"（International Standard Book Number，ISBN）作为键比使用图书馆中的目录更方便，但是有些旧书可能没有 ISBN，因此检索这类旧书时，必须使用与 ISBN 等效的唯一键来保持新书与旧书检索的一致性。

哈希值通常是一个数字，并且使用数字键，与字母数字键相比，哈希值在索引等方面可能要容易得多。

4.3.6 矩阵表示的字典

有很多存在键/值关联的例子可以应用字典，如州的缩写和名称中的任何一个都可以是键，另一个是值，但是将缩写作为键会更有效。又如城市名称和人口。字典有效应用的一个有趣的例子是稀疏矩阵的表示。

1. 稀疏矩阵

让我们检查一下矩阵的空间利用率。对于使用列表表示的 100 × 100 矩阵，每个元素占用 4 个字节。因此，矩阵需要 40000 字节，大约是 40KB 的空间。然而，在这 40000 个字节中，如果其中只有 100 个字节具有非 0 值，而其他字节的值都为 0，那么空间就被浪费了。现在，为了讨论简单，让我们考虑一个更小的矩阵，如图 4-7 所示，这个矩阵大约有 20% 的非 0 值。

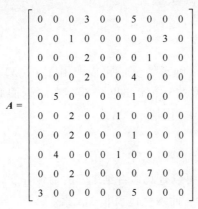

图 4-7　稀疏矩阵

这样存在大量 0 值、只有稀少的部分元素非 0 的矩阵一般被称为稀疏矩阵。此时，找到另一种方法来表示矩阵的非 0 元素将是一个很好的开始。例如，矩阵中有 6 个 1、5 个 2、3 个 3、3 个 5、2 个 4、1 个 7，这可以表示如下：

```
A = {1:[(1,2),(2,7),(4,6),(5,5),(6,6),(7,5)],
2:[(2,3),(3,3),(5,2),(6,2),(8,2)],
3:[(0,3),(1,8),(9,0)],
4:[(3,6),(7,1)],
5:[(0,6),(4,1),(9,6)],
7:[(8,7)]}
```

然而，这种表示方式使得访问稀疏矩阵 A 的第 (i,j) 个值变得更加困难。使用字典来表示这个稀疏矩阵不失为更好的方法，如下面的代码所示：

```
def getElement(row,col):
    if(row,col)in A.keys():
        r = A[row,col]
```

```
    else:
        r = 0
    return r
A={(0,3):3,(0,6):5,(1,2):1,(1,8):3,(2,3):2,(2,7):1,(3,3):
2,(3,6):4,(4,1):5,(4,6):1,(5,2):2,(5,5):1,(6,2):2,(6,6):
1,(7,1):4,(7,5):1,(8,2):2,(8,7):7,(9,0):3,(9,6):5}
print getElement(1,2)
1
print getElement(1,4)
0
```

要访问矩阵 A 的 $(1,2)$ 处的元素，我们可以使用 $A[(1,3)]$，但如果键不存在，则会抛出异常。为了使用键可以获取非 0 值（如果键不存在则返回 0），我们可以使用一个名为 getElement() 的函数，如前面的代码所示。

2. 稀疏性的可视化

借助 SquareBox 图，我们可以直观地看到矩阵的稀疏程度。图 4-8 显示了用图形表示的稀疏矩阵 A。黑色代表 0 元素，而绿色代表非 0 元素。

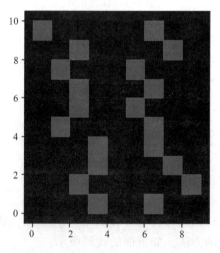

图 4-8（彩色）

图 4-8　矩阵 A 稀疏程度的图形表示

下面的代码演示了如何显示稀疏程度：

```
import numpy as np
import matplotlib.pyplot as plt
"""
"""
def sparseDisplay(nonzero,squaresize,ax=None):
  ax = ax if ax is not None else plt.gca()
  ax.patch.set_facecolor('black')
  ax.set_aspect('equal','box')
  for row in range(0,squaresize):
  for col in range(0,squaresize):
    if(row,col)in nonzero.keys():
    el = nonzero[(row,col)]
    if el == 0:
     color='black'
    else:color = '#008000'
    rect = plt.Rectangle([col,row],1,1,
      facecolor=color,edgecolor=color)
    ax.add_patch(rect)
    ax.autoscale_view()
    ax.invert_yaxis()
  if __name__ == '__main__':
    nonzero=A={(0,3):3,(0,6):5,(1,2):1,(1,8):3,(2,3):2,(2,7):1,(3,3):
    2,(3,6):4,(4,1):5,(4,6):1,(5,2):2,(5,5):1,(6,2):2,(6,6):
    1,(7,1):4,(7,5):1,(8,2):2,(8,7):7,(9,0):3,(9,6):5}
plt.figure(figsize=(4,4))
sparseDisplay(nonzero,10)
plt.show()
```

如图 4-9 所示，这样一个只有几个非 0 值的 30×30 矩阵，就空间利用率而言，节省了约 97%[（1-25）/900]。也就是说，矩阵非 0 元素越多，占用的空间越少。

学会了使用字典存储稀疏矩阵的方法后，你可能需要记住并且没有必要重复造"轮子"。此外，考虑存储稀疏矩阵的可能性来理解字典的功能是有意义的。但是，值得推荐看看的是 SciPy 和 pandas 包中对稀疏矩阵的使用。本书中可能会在一些例子中使用这些包。

3. 字典记忆

记忆是计算科学中的一种优化技术，它使人们能够存储中间结果，避免额外的存储代价。不是每个问题都需要记忆，但是当存在通过调用函数计算相同值的模式时，使用记忆通常是有用的。一个例子是，在应用 fibonacci() 函数时使用字典来存储已经计算的值，则下

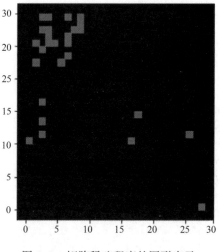

图4-9（彩色）

图4-9　矩阵稀疏程度的图形表示

一次你可以只搜索值，而不用重新计算，如下面的代码所示：

```
fibvalues = {0:0,1:1,2:1,3:2,4:3,5:5}
def fibonacci(n):
  if n not in fibvalues:
    sumvalue = fibonacci(n-1) + fibonacci(n-2)
    fibvalues[n] = sumvalue
  return fibvalues[n]
fibonacci(20)
6765
print(sorted(fibvalues.values()))
[0,1,1,2,3,5,8,13,21,34,55,89,144,233,377,
 610,987,1597,2584,4181,6765,10946,17711,28657,
 46368,75025,121393,196418,317811,514229,832040,
 1346269,2178309,3524578,5702887,9227465,14930352,
 24157817,39088169,63245986,102334155]
#不使用字典的斐波那契数列
def fib(n):
  if n <= 1 :return 1
  sumval = fib(n-1)+fib(n-2)
  return sumval
```

代码中fibvalues这个字典对于防止重新计算斐波那契数列非常有用。图4-10测试了fib()

(不使用字典来存储计算值)和 fibonacci() 的运行时间比率。

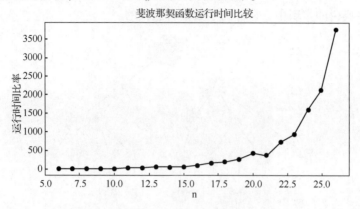

图 4-10 运行时间比率

```
fib() 和 fibonacci() 的运行时间比率如以下代码：
from time import time
ratio=[]
for nval in range(6,27):
  fibvalues = {0:0,1:1,2:1,3:2,4:3,5:5}
  t3 = time()
  fibonacci(nval)
  diftime1 = time()-t3
  t2 = time()
  fib(nval)
  diftime2 = time()-t2
  #print("The ratio of time-2/time-1 :"+str(diftime2/diftime1))
  ratio. append(diftime2/diftime1)
plt. figure(figsize=(8,4))
plt. plot(range(6,27),ratio,"o-")
plt. xlabel("n")
plt. ylabel("运行时间比率")
plt. title("斐波那契函数运行时间比较")
plt. show()
```

4.3.7 字典树

Trie(发音为 trai)是一种具有不同名称(字典树、基数树或前缀树)的数据结构，在搜索、插入和删除等操作方面非常有效。这种数据结构非常易于存储。例如，当单词 add、also、algebra、assoc、all、to、trie、tree、tea 和 ten 存储在字典树中时，它看起来类似于

图 4-11。图 4-11 中的字符以大写形式显示，而在实际存储中，字符按其在单词中出现的方式存储。在字典树的实现中，存储的字数是有意义的。

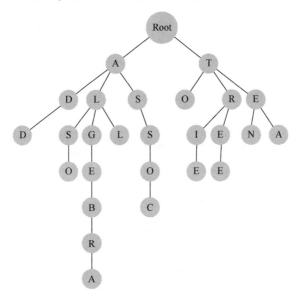

图 4-11　字典树存储结构

　　一种常见的功能是最长前缀匹配。换句话说，我们要找到字典树中与特定搜索字符串（如 base）匹配最长前缀的所有单词，结果可以是 base、based 或 baseline，甚至其他的单词，如果它们可以在字典树中找到。Python 有许多实现最长前缀匹配的函数：suffix_ tree()、pytire()、trie()、datrie() 等。

　　大多数搜索引擎都有一个称为倒排索引的字典树实现。这是空间优化非常重要的核心组件。此外，搜索这种结构对于查找搜索字符串与文档之间的相关性非常有效。字典树的另一个有趣应用是 IP 路由，其包含大范围值的能力特别强，并且能节省空间。

　　下面的代码显示了一个简单的 Python 实现：

```
_end = '_end_'
#查询一个单词是否在字典树中
def in_trie(trie,word):
  current_dict = trie
  for letter in word:
   if letter in current_dict:
    current_dict = current_dict[letter]
```

```
        else:
          if _end in current_dict:
           return True
          else:
           return False
#创建一个字典树
def create_trie(* words):
  root = dict()
  for word in words:
    current_dict = root
    for letter in word:
      current_dict = current_dict.setdefault(letter,{})
      current_dict = current_dict.setdefault(_end,_end)
  return root
def insert_word(trie,word):
  if in_trie(trie,word):return
  current_dict = trie
  for letter in word:
   current_dict = current_dict.setdefault(letter,{})
   current_dict = current_dict.setdefault(_end,_end)
def remove_word(trie,word):
  current_dict = trie
  for letter in word:
    current_dict = current_dict.get(letter,None)
  if current_dict is None:
#字典树中不包含这个单词
   break
  else:
   del current_dict[_end]
  dict = create_trie('foo','bar','baz','barz','bar')
  print dict
  print in_trie(dict,'bar')
  print in_trie(dict,'bars')
  insert_word(dict,'bars')
  print dict
  print in_trie(dict,'bars')
```

4.4　使用 matplotlib 进行可视化

作为 Python 可视化过程中最常用的程序包之一，matplotlib 可以实现用户大部分基础的可视化需求。其作图原理有别于 Plotly，与 seaborn 包为统一框架，详情请参考 matplotlib 官方说明文档。为了安装 matplotlib 程序包，可以在电脑命令行中通过命令

```
conda install matplotlib
```

进行安装。matplotlib 主要有如下几个基本参数。

4-5　matplotlib
可视化基本操作

（1）画板 figure 和画纸 axes；

（2）标题 title；

（3）坐标轴 axis；

（4）图例 legend；

（5）网格 grid；

（6）图画的性质，如点 markers、线 lines 等。

在进行平面绘图时，用户首先需要定义横轴和纵轴的对应变量，然后针对需要的图形属性设置函数中的参数，并添加相应的文本作为标题和图例，最终显示图形，如以下代码：

```
import matplotlib.pyplot as plt
x=[1,2,3,4]
y=[1,4,9,16]
plt.plot(x,y)
plt.show()
plt.plot(x,y,color='r',marker='o',linestyle='dashed')
plt.axis([0,6,0,20])
plt.show()
plt.xlabel('x-axis ')
plt.ylabel('y-axis ')
plt.title('title')
plt.annotate('annotate',xy=(2,5),xytext=(2,10),arrowprops=dict(facecolor='black',
shrink=0.01))
plt.show()
```

表 4-3 总结了 matplotlib 的常用操作。

表 4-3　**matplotlib 的常用操作**

操　作	说　明
import matplotlib. pyplot as plt	导入
plt. plot(* args,scalex = True,scaley = True,data = None, * * kwargs)	绘制图
plt. show(* args, * * kw)	显示图

续表

操　作	说　明
plt. xlabel(xlabel,fontdict = None,labelpad = None, * * kwargs)	设置横轴的标签
plt. ylabel(ylabel,fontdict = None,labelpad = None, * * kwargs)	设置纵轴的标签
plt. xlim(* args, * * kwargs)	获取或设置横轴范围
plt. ylim(* args, * * kwargs)	获取或设置纵轴范围
plt. title(label,fontdict = None,loc ='center',pad = None, * * kwargs)	设置图的标题
plt. legend(* args, * * kwargs)	设置图例

在 matplotlib 程序包中，可以实现散点图、折线图、直方图、热图等常用图形的绘制，如表 4-4 所示。

表 4-4　matplotlib 常用图表函数说明

图表函数	说　明
plt. bar(x,y,label = "" ,color = "")	条形图
hist(x,bins = None)	直方图
plt. scatter(x,y,label = "" ,color = "" ,s = 25,marker = "o")	散点图
plt. stackplot(x, * args,colors = [ ])	堆叠图
plt. pie(x,labels = [ ] ,colors = [ ] ,startangle = 90,shadow = True,explode = ( ) , autopct ='%1. 1f%%')	饼图

下面是散点图、条形图、饼图等的实例。

```
import matplotlib.pyplot as plt
import numpy as np
#散点图
x = np.array([1,2,3,4,5,6,7,8])
y = np.array([1,4,9,16,7,11,23,18])
plt.scatter(x,y)
plt.show()
sizes = np.array([20,50,100,200,500,1000,60,90])
plt.scatter(x,y,s=sizes)
plt.show()
colors = np.array(["red","green","black","orange","purple","beige","cyan",
"magenta"])
```

```
plt.scatter(x,y,c=colors)
plt.show()
x = np.array([5,7,8,7,2,17,2,9,4,11,12,9,6])
y = np.array([99,86,87,88,111,86,103,87,94,78,77,85,86])
colors = np.array([0,10,20,30,40,45,50,55,60,70,80,90,100])
plt.scatter(x,y,c=colors,cmap='viridis')
plt.colorbar()
plt.show()

#条形图
x = np.array(["Runoob-1","Runoob-2","Runoob-3","C-RUNOOB"])
y = np.array([12,22,6,18])
plt.bar(x,y)
plt.show()
plt.barh(x,y)
plt.show()
plt.bar(x,y,  color = ["#4CAF50","red","hotpink","#556B2F"])
plt.show()

#饼图
y = np.array([35,25,25,15])
plt.pie(y)
plt.show()
plt.pie(y,
        labels=['A','B','C','D'],#设置饼图标签
        colors=["#d5695d","#5d8ca8","#65a479","#a564c9"],#设置饼图颜色
        explode=(0,0.2,0,0),#第二部分突出显示,值越大,距离中心越远
        autopct='%.2f%%',#输出百分比
        )
plt.title("Pie Test")
plt.show()
```

matplotlib 也支持多图绘制，可通过 subplot() 和 subplots() 实现绘制多个子图。其中，subplot() 方法需要在绘图时指定绘图位置，subplots() 方法可以一次生成多个子图，在调用时只需要调用生成对象即可。

4-6　matplotlib
可视化多图绘制

1. subplot()

subplot() 的代码框架如下：

```
subplot(nrows,ncols,index,**kwargs)
subplot(pos,**kwargs)
```

```
subplot(* * kwargs)
subplot(ax)
```

以上方法将整个绘图区域分成 nrows 行和 ncols 列，然后以从左到右、从上到下的顺序对每个子区域进行编号，编号可以通过参数 index 来设置。设置 nrows = 1、ncols = 2，就是将图表绘制成 1×2 的图像区域，对应的坐标为：（1,1）、（1,2）。以下为一个实例：

```
import matplotlib.pyplot as plt
import numpy as np

#图1
xpoints = np.array([0,6])
ypoints = np.array([0,100])

plt.subplot(1,2,1)
plt.plot(xpoints,ypoints)
plt.title("图1")

#图2
x = np.array([1,2,3,4])
y = np.array([1,4,9,16])

plt.subplot(1,2,2)
plt.plot(x,y)
plt.title("图2")
```

图 4-12 展示了上述折线图的多图代码结果。

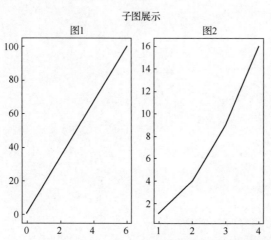

图 4-12　子图展示（图 1 和图 2 分别展示了两个不同的折线图）

```
plt.suptitle("子图展示")
plt.show()
#绘制 2×2 的多图
import matplotlib.pyplot as plt
import numpy as np

#图 1
x = np.array([0,6])
y = np.array([0,100])

plt.subplot(2,2,1)
plt.plot(x,y)
plt.title("图 1")

#图 2
x = np.array([1,2,3,4])
y = np.array([1,4,9,16])

plt.subplot(2,2,2)
plt.plot(x,y)
plt.title("图 2")

#图 3
x = np.array([1,2,3,4])
y = np.array([3,5,7,9])

plt.subplot(2,2,3)
plt.plot(x,y)
plt.title("图 3")

#图 4
x = np.array([1,2,3,4])
y = np.array([4,5,6,7])

plt.subplot(2,2,4)
plt.plot(x,y)
plt.title("图 4")

plt.suptitle("子图展示")
plt.show()
```

图 4-13 展示了上述多图代码结果。

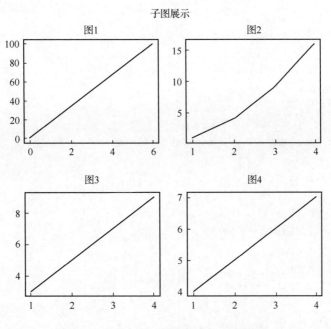

图 4-13　图 1~图 4 分别展示 4 组折线图

2. subplots()

subplots() 方法的语法格式如下：

```
matplotlib.pyplot.subplots(nrows=1,ncols=1,*,sharex=False,sharey=False,squeeze
=True,subplot_kw=None,gridspec_kw=None,**fig_kw)
```

一些实例展示如下：

```
import matplotlib.pyplot as plt
import numpy as np

#创建一些测试数据
x = np.linspace(0,2*np.pi,400)
y = np.sin(x**2)

#创建 1 个画像和第一个子图
fig,ax = plt.subplots()
ax.plot(x,y)
ax.set_title('Simple plot')
```

```
#创建 2 个子图
f,(ax1,ax2) = plt.subplots(1,2,sharey=True)
ax1.plot(x,y)
ax1.set_title('Sharing Y axis')
ax2.scatter(x,y)

#创建 4 个子图
fig,axs = plt.subplots(2,2,subplot_kw=dict(projection="polar"))
axs[0,0].plot(x,y)
axs[1,1].scatter(x,y)

#共享 x 轴
plt.subplots(2,2,sharex='col')

#共享 y 轴
plt.subplots(2,2,sharey='row')

#共享 x 轴和 y 轴
plt.subplots(2,2,sharex='all',sharey='all')

#这个也是共享 x 轴和 y 轴
plt.subplots(2,2,sharex=True,sharey=True)

#创建 10 张图,已经存在的则删除
fig,ax = plt.subplots(num=10,clear=True)
plt.show()
```

其结果读者可通过运行代码自行检查。

4.5 总结

今天，Python 社区已经发展到有资源和工具可以帮助编写最少的代码来完成几乎所有高效计算。本章我们重点讲解了 NumPy、SciPy、MKL 函数的使用场景，介绍了数值索引和逻辑索引，以及堆栈、队列、元组、集合、字典树及字典等数据结构，并通过 matplotlib 实现了图形可视化，进一步，我们介绍了如何使用 NumPy 和 SciPy 进行优化和插值等工作，如何将 Python 与 NumPy 进行集成，以及 Python 的优势。

本章习题

一、简答题

1. 简述 NumPy 在线性代数方面的常用函数。

2. 简述 Python 的常用数据结构及其特点。

二、程序题

1. 分别定义出以下两个激活函数，并分别画出它们在 $[-10,10]$ 上的函数图像。

（1）Sigmoid 函数：$f(z) = \dfrac{1}{1 + e^{-z}}$。

（2）ReLU 函数：$\sigma(z) = \begin{cases} \max(0,x) , x \geq 0 \\ x, x < 0 \end{cases}$。

计算 Sigmoid 函数的导数，并利用 Python 验证 $f'(z) = f(z)(1 - f(z))$。

2. 给定回归模型 $Y = 3X_1 + 2X_2 - 4X_3 + \epsilon$，其中 $\epsilon \sim N(0, 0.1)$。

（1）生成 1000 个随机样本，其中 $X_i(i = 1,2,3)$ 均从 $[-1,1]$ 上的均匀分布上生成；

（2）根据回归模型生成对应的 Y；

（3）计算出系数的最小二乘估计；

（4）计算对应的最小二乘估计误差和 R^2。

3. 请针对如下问题作答。

（1）分别用两种方法对列表 $[1,1,1,2,2,2,3,3,3,4,5,9,9,9]$ 去重。

（2）计算 $\dfrac{1}{1^2} + \dfrac{1}{2^2} + \cdots + \dfrac{1}{n^2}$，分别取 $n = 100$、1000、10000，将结果与 $\dfrac{\pi^2}{6}$ 比较，你有什么发现？

4. 通过 from pandas_datareader.data import get_data_yahoo 调用 get_data_yahoo() 函数可以获得一些金融数据。请通过该函数的文档说明，自学该函数用法，获取 2012 年 1 月 1 日至 2022 年 1 月 1 日"谷歌"："GOOG"，"亚马逊"："AMZN"，"Facebook"："FB"，"苹果"："AAPL"，"阿里巴巴"："BABA" 和 "腾讯"："0700.hk" 的股票数据，并分别绘制出开盘价与收盘价的折线图，观察股价波动情况。

第 5 章　统计学与机器学习

统计学方法已经越来越多地应用在各个领域，它的流行让我们能够创建并利用计算机预测算法，从中学习、纠正并逐步改进它们的预测效果，旨在通过数据从过去的经验中总结获得任何未知的知识、模式或者信号等，并从中获得新的见解。例如，我们可以"教"计算机识别图像中的邮政编码，并用在快递分发、包裹信息核对等实际应用中；又如，在识别垃圾邮件时，我们可以建立某些计算机算法，让计算机进行学习，以期获得准确的预测和识别效果；等等。

近年来，机器学习已成为人工智能的重要组成部分。借助计算机的力量，我们能够建立基于机器学习方法的智能系统。凭借我们今天拥有的计算资源，完成这些任务比 20 年前要简单得多。机器学习的主要目标是开发那些在现实世界中具有潜在价值的预测算法。除了时间和空间效率之外，这些预测算法所需的数据本身起着至关重要的作用。由于机器学习算法是由不同领域中的数据驱动的，因此我们可以看到在不同的领域有许多不同的算法。

【本章学习目标】

（1）掌握决策树、线性方法和 KNN 算法。

（2）掌握朴素贝叶斯、线性回归和逻辑回归。

（3）掌握支持向量机。

（4）掌握基于树的回归。

（5）理解主成分分析。

（6）理解基于相似性的聚类。

（7）了解如何评估分类器的效果。

5.1　分类方法

机器学习算法在许多实际应用中都很有用，如预测气候或诊断疾病。学习的过程通常需要基于一些已知的行为或观察数据。这意味着机器学习根据过去的经验或观察数据来学习，以帮助某件事物在未来的发展。机器学习的目的是学习数据的属性特征，并将这些属性特征应用于新数据集。

机器学习算法大致分为监督学习、无监督学习、强化学习和深度学习。监督学习中的分类方法一般基于完整的被标记数据，它的作用类似于监督不同班级（即实际的不同类别）的老师。在我们指定目标变量（即分类变量）后，监督学习便可以依赖统计学习的算法，从数据中学习模式和趋势等。一个效果良好的分类器需要以下内容予以支持。

（1）一组良好的训练数据集；

（2）在训练集上相对良好的分类表现；

（3）一个与先前预期密切相关的分类器方法。

图 5-1 给出了不同二元分类器示例。二元分类器将获取的样本数据分为两个类别之一（对于更高维度的情况，数据会被分类到多个类别中）。例如，一个二元分类器可以通过体检诊断结果，根据患病的可能性来判断疾病呈阳性或阴性，这里的分类器算法是基于概率的。

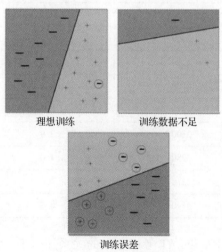

理想训练　　　　训练数据不足

训练误差

图 5-1　不同二元分类器示例

一般来说，在任何类似的分类算法中，通用的步骤顺序如下：

（1）从可靠来源收集数据；

（2）准备或重新组织具有特定结构的数据，对于分类问题，往往需要进行与"距离"相关的计算和处理；

（3）使用适当的方法分析数据；

（4）训练（二元）分类器；

（5）测试（计算错误率）。

本章将集中讨论可用于可视化我们的输入和最后结果的工具，对机器学习概念的关注并不多。要更深入地了解此主题，读者可以参考相应的材料。接下来，我们通过实际示例逐步了解可供选择的各种可视化选项。

5.1.1　线性回归模型实例

一个简单的场景是，我们希望根据包括学生 GPA 和 SAT 考试分数的样本数据（见表 5-1）来预测学生是否有可能被大学本科录取。

表 5-1　学生 GPA 和 SAT 考试分数

学生编号	SAT 考试分数	GPA	是否录取
1	2400	4.4	Y
2	2350	4.5	Y
3	2400	4.2	Y
4	2290	4.3	N
5	2100	4.0	N
6	2380	4.1	Y
7	2300	3.9	N
8	2280	4.0	N
9	2210	4.3	Y
10	2390	4.5	Y

我们考查录取情况与 GPA 和 SAT 考试分数的关系。由于 SAT 考试分数沿 x 轴从 2100 到 2500，因此，我们使用从 2100 开始的增量值，从一个端点开始使用 2100+50i，从另一个端点开始使用 2500 − 50i（步长为 50）。GPA 沿 y 轴从 3.3 到 5.0，因此，我们使用从 3.3 开

始的增量值，从一个端点开始使用 $3.3+0.2i$，从另一个端点开始使用 $5.0-0.2i$(步长为 0.2)。i 的取值为 0、1、2、3、4。

我们将使用 matplotlib 和 NumPy 来进行探索。x 和 y 轴分别表示 SAT 考试分数和 GPA，并应用散点图，我们将尝试在以下示例中找到分隔线：

```python
import matplotlib.pyplot as plt
import matplotlib as mpl
import numpy as np
mpl.rcParams['axes.facecolor'] = '#f8f8f8'
mpl.rcParams['grid.color'] = '#303030'
mpl.rcParams['grid.color'] = '#303030'
mpl.rcParams['lines.linestyle'] = '--'
# SAT 考试分数
x=[2400,2350,2400,2290,2100,2380,2300,2280,2210,2390]
#High school GPA
y=[4.4,4.5,4.2,4.3,4.0,4.1,3.9,4.0,4.3,4.5]
a = '#6D0000'
r = '#00006F'
#接受(a)或者拒绝(r)
z=[a,a,a,r,r,a,r,r,a,a]
plt.figure(figsize=(11,11))
plt.scatter(x,y,c=z,s=600)
#画出分隔线
for i in range(1,5):
    X_plot = np.linspace(2490-i*2,2150+i*2,20)
    Y_plot = np.linspace(3.3+i*0.2,5-0.2*i,20)
    plt.plot(X_plot,Y_plot,c='gray')
plt.grid(True)
plt.xlabel('SAT 考试分数',fontsize=18)
plt.ylabel('均绩(GPA)',fontsize=18)
plt.title("大学录取情况",fontsize=20)
plt.legend()
plt.show()
```

在前面的代码中，我们只是试图了解数据的特点，而没有对数据进行分类。如图 5-2 所示，我们可以绘制几条分隔线，以直观地了解线性回归的工作原理。

可以看到，这里我们没有足够的数据进行预测。但是，如果我们尝试获取更多数据，我们就可以更好地理解录取情况与 GPA 和 SAT 考试分数的关系，如增加课外活动(如体育和音乐)的信息。

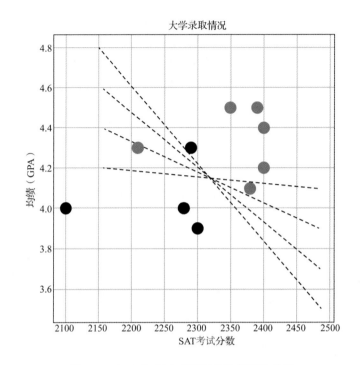

图 5-2　GPA 和 SAT 成绩与录取情况的关系

5.1.2　线性回归模型

使用线性回归的主要目标是预测数字形式的目标值。一种方法是针对输入编写目标值的方程。例如，假设我们试图预测一个积极参与体育和音乐活动但属于低收入家庭的学生的录取情况。

一种可能的等式是被录取的概率=0.0015×收入+0.49×（其他参与经历的得分），这是一个回归方程，使用简单的线性回归来预测单个响应变量。采用以下形式：

$$y = \beta_0 + \beta_1 x$$

其中 y 表示响应变量，x 表示特征（feature），β_0 表示截距（intercept），β_1 表示变量 x 的系数；β_0、β_1 合称为模型系数。要创建所需模型，我们必须获取到这些系数的估计值。一旦模型获取到了这些系数，我们就可以使用该模型来合理地预测录取情况。

这些系数是使用最小二乘法来进行估计的，这意味着我们需要找到一条分隔线并使它最小化残差平方和。表 5-2 所示是示例中使用的部分数据。

表 5-2　学生录取情况部分数据

学生编号	学术	体育	音乐	录取情况/%
1	230.1	37.8	62	82
2	44.5	39.3	41	39
3	17.2	45.9	63	34
4	151.5	41.3	68	69
5	180.8	10.4	53	48
6	8.7	48.9	68	27

以下 Python 代码展示如何使用散点图来考察变量之间的相关性：

```
from matplotlib import pyplot as pplt
import pandas as pds
import statsmodels.formula.api as sfapi
df = pds.read_csv('/Users/myhomedir/sports.csv',index_col=0)
fig,axs = plt.subplots(1,3,sharey=True)
df.plot(kind='scatter',x='sports',y='acceptance',ax=axs[0],
figsize=(16,8))
df.plot(kind='scatter',x='music',y='acceptance',ax=axs[1])
df.plot(kind='scatter',x='academic',y='acceptance',ax=axs[2])
#一行代码拟合模型
lmodel = sfapi.ols(formula='acceptance ~ music',data=df).fit()
X_new = pd.DataFrame({'music':[df.music.min(),df.music.max()]})
predictions = lmodel.predict(X_new)
df.plot(kind='scatter',x='music',y='acceptance',figsize=(12,12),
s=50)
plt.title("线性回归结果:音乐 vs 录取情况",fontsize=20)
plt.xlabel("音乐",fontsize=16)
plt.ylabel("录取情况",fontsize=16)
#画出最小二乘法所拟合的直线
```

如图 5-3 所示，蓝点是 (x, y) 的观测值，直线是基于 (x, y) 的最小二乘拟合，点到线之间的部分是残差，也就是观测值与最小二乘法获得的分隔线之间的距离。

我们可以假设存在某种评分体系，由大学用于评估学生在学术、体育和音乐方面的表现。图 5-4 分别展示了录取情况和运动、音乐和学术的关系。

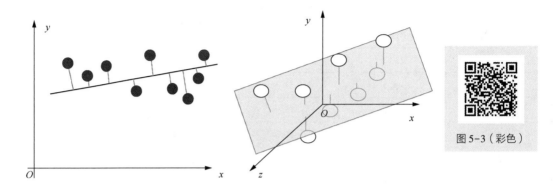

图 5-3（彩色）

图 5-3 回归残差与预测值的关系

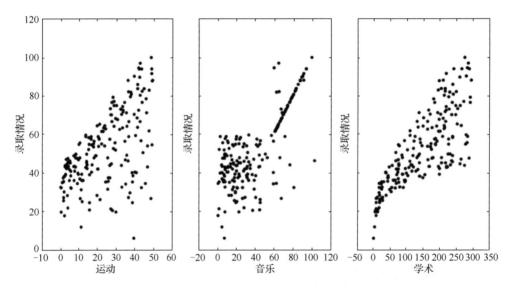

图 5-4 录取情况与体育、音乐、学术方面的表现之间的关系

　　为了测试一个分类器，我们可以从一些已知但不知道最后录取结果的数据开始，我们将利用分类器寻找答案以获得最佳的预测。此外，我们可以将分类器错误的次数相加，再除以测试总数，以获得分类器的错误率。图 5-5 展示了录取情况与音乐的线性回归结果。

　　还有许多其他 Python 库可用于线性回归，如 scikit-learn（也记为 sklearn）、seaborn、statsmodels 和 mlpy 等都是常用的库。有关 scikit-learn 库的详细信息，请读者参阅其官网内容。

5.1.3 决策树

另一种较为常用的机器学习模型是决策树模型，有时也被称为分类树模型，与之具有相似结构的模型是回归树模型。决策树用于将数据划分到响应变量对应的不同类。响应变量通常包含两个类别，如是或否(1 或 0)，晴天或雨天。如果目标变量有两个以上的类别，则当前主流算法"C4.5"可以满足需要。C4.5 是一种改进了对连续属性、离散属性的处理算法和后期构造过程的算法。

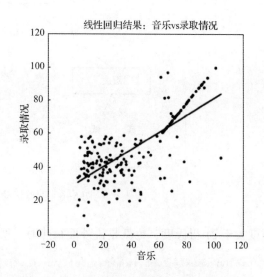

图 5-5 录取情况与音乐表现关系的线性拟合

与大多数学习算法类似，决策树算法通过分析训练集，构建分类器，以便在未来使用新数据时可以正确分类。测试集数据作为输入对象，算法必须输出预测值。当响应或目标变量本质上是分类变量时，使用决策树。

相反，当处理的任务(如产品的价格预测任务)的响应变量是连续的而不是离散的时，需要使用回归树。回归树通过不断二元划分进行构建，本质上是一个迭代过程，将数据划分到不同的分区，然后随着该方法的迭代和循环，继续将每个分区拆分为更小的组。换句话说，当问题涉及连续性变量的预测而非分类时，应当使用回归树。有关这方面的更多详细信息，建议参考有关决策树和回归树的书籍。

总结一下，当预测变量与响应之间的关系呈线性时，标准回归树更合适，而当预测变量与响应之间的关系呈非线性时，则应使用 C4.5。此外，当响应变量只有两个类别时，应该使用决策树算法。

对于一个打网球或高尔夫球的决策树算法，我们可以通过提出一个问题轻松地对决策过程进行排序，并根据答案绘制每个问题的决策图。不同体育比赛(如网球与高尔夫)的某些性质几乎相同，在各种体育赛事中，如果刮风下雨，很可能不会有比赛。对于网球，如果天气晴朗，但湿度高，建议不要举办比赛。而如果为阴天，则建议举办比赛。如果下雨和刮风，那么不太会有举办网球比赛的动力，在这种情况下打网球也很可能没有乐趣。图 5-6 展示了所有可能的情况。

我们还可以添加离散属性(比如温度)：在什么温度范围内我们不太会去打网球？可能

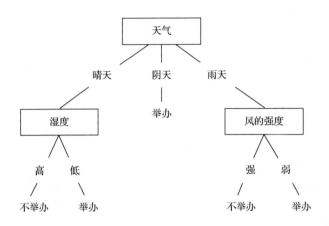

图 5-6　网球活动举办可能的情况

温度大于 21 摄氏度，也就是说外面很热时。所有这些规则可以结合如下：

```
if(Outlook = Sunny)and(Humidity = High)then play=No
if(Outlook = Rain)and(Wind = Strong)then play=No
if(Outlook = Sunny)and(Humidity = Normal)or
   (Outlook = Overcast)or(Outlook=Rain and Wind=Weak)then play=Yes
if(Temperature = Hot)and(Humidity = High)then play=No
```

使用表 5-3 中的数据作为训练集，我们可以运行算法来得到一个最佳分类器。

表 5-3　运动与天气数据

天气	气温	湿度	风的强度	是否举办比赛
晴天	高温	高	弱	否
晴天	高温	高	强	否
阴天	舒适	高	弱	是
阴天	凉爽	正常	强	是
晴天	舒适	高	弱	否
晴天	凉爽	正常	弱	是
雨天	舒适	高	弱	是
雨天	凉爽	正常	弱	是
雨天	凉爽	正常	强	否
雨天	舒适	正常	弱	是

续表

天气	气温	湿度	风的强度	是否举办比赛
晴天	舒适	正常	强	是
阴天	舒适	高	强	是
阴天	凉爽	正常	弱	是
雨天	舒适	高	强	否

自上而下归纳的决策树(ID3)遵循以下规则。

(1)迭代叶节点直到满足某种停止条件。

(2)确定一个最佳的用于决策的特征。

(3)将步骤(2)中的最佳节点指定为决策特征。

(4)为最佳节点对应的每个可能的取值，创建新叶节点。

(5)将数据排序分配到叶节点中。

(6)每一个数据都能够在阈值内被分类。

线性回归和决策树算法之间的一个明显区别是决策树的决策边界平行于坐标轴。例如，如果有两个特征 $x1$ 和 $x2$，那么决策树算法只能创建规则：$x1 \geqslant 5.2$，$x2 \geqslant 7.2$。决策树算法的优点是它对错误具有鲁棒性，考虑到训练集中可能有错误，故使用决策树算法得到的结果所受的影响不大。

使用 sklearn 包，可以得到如下代码：

```
from sklearn.externals.six import StringIO
from sklearn import tree
import pydot
#第一列:1 表示晴天,2 表示阴天,3 表示下雨
#第二列:1 表示高温,2 表示温和,3 表示舒适
#第三列:1 表示高,2 表示正常
#第四列:0 表示弱风,1 表示强风
X=[[1,1,1,0],[1,1,1,1],[2,1,1,0],[2,3,2,1],[1,2,1,0],[1,3,2,0],\
[3,2,1,0],[3,3,2,0],[3,3,2,1],[3,2,2,0],[1,2,2,1],[2,2,1,1],\
[2,1,2,0],[3,2,1,0]]
#1 表示举办,0 表示不举办
Y=[0,0,1,1,0,1,1,1,0,1,1,1,1,0]
clf = tree.DecisionTreeClassifier()
clf = clf.fit(X,Y)
dot_data = StringIO()
tree.export_graphviz(clf,out_file=dot_data)
```

```
graph = pydot.graph_from_dot_data(dot_data.getvalue())
graph.write_pdf("game.pdf")
```

如图 5-7 所示，使用 sklearn 绘制决策树分类器。

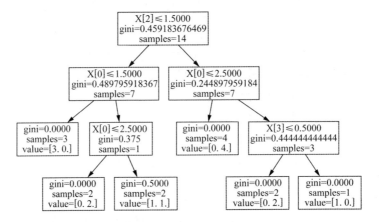

图 5-7　使用 sklearn 绘制决策树分类器

为了创建自己的树结构，可以选择使用 matplotlib 中的绘图方法。为了显示树状图，matplotlib 允许我们创建带有标签的树形结构，如以下代码：

```
import matplotlib.pyplot as plt
#创建节点
branchNode = dict(boxstyle="sawtooth",fc="0.8")
leafNode = dict(boxstyle="round4",fc="0.8")
startNode = dict(boxstyle="sawtooth",fc="0.9")
def createPlot():
  fig = plt.figure(1,facecolor='white')
  fig.clf()
  createPlot.ax1 = plt.subplot(111,frameon=False)
#以下为伪代码
  plotNode('from here',(0.3,0.8),(0.3,0.8),startNode)
  plotNode('a decision node',(0.5,0.1),(0.3,0.8),branchNode)
  plotNode('a leaf node',(0.8,0.1),(0.3,0.8),leafNode)
  plt.show()
...
```

图 5-8 展示了如何使用 matplotlib 从头开始创建决策树。

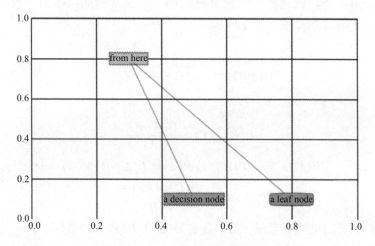

图 5-8 使用 matplotlib 构建决策树

5. 1. 4 贝叶斯定理

为了理解贝叶斯定理, 在我们尝试朴素贝叶斯分类方法之前, 我们先看看如下例子。

假设在我国所有人形成的总体 U 中, 患有乳腺癌的人的集合是 A, 而 B 是进行了乳腺癌筛查测试的人的集合, 而经过测试且诊断结果为阳性的人的集合, 在图 5-9 中显示为 $A \cap B$。

有两个特别的地方需要关注: $B \setminus (A \cap B)$, 即没有乳腺癌但诊断结果呈阳性的人; $A \setminus (A \cap B)$, 即患有乳腺癌但诊断结果呈阴性的人。现在, 请尝试回答随机选择的人的诊断结果是否为阳性? 这个人患乳腺癌的概率是多少? 在统计学上, 这个问题可以转化为求给定 B 时 A 的概率。条件概率方程如下所示:

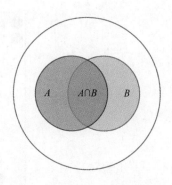

图 5-9 贝叶斯定理的图形表示

$$P(A \mid B) = \frac{|A \cap B|}{|B|} = \frac{\dfrac{|A \cap B|}{|U|}}{\dfrac{|B|}{|U|}}$$

$$P(A \mid B) = \frac{P(A \cap B)}{P(B)}$$

如果我们知道一个随机选择的人患有乳腺癌，那么其诊断结果为阳性的概率是多少？这转化为求给定 A 时 B 的概率，如下所示：

$$P(B \mid A) = \frac{|A \cap B|}{|B|} = \frac{\dfrac{|A \cap B|}{|U|}}{\dfrac{|A|}{|U|}}$$

$$P(B \mid A) = \frac{P(A \cap B)}{P(A)}$$

$$P(A \cap B) = P(B \mid A)\, P(A) = P(A \mid B)\, P(B)$$

$$P(A \mid B) = \frac{P(B \mid A)\, P(A)}{P(B)}$$

由此，我们推导出贝叶斯定理，其中 A 和 B 是 $P(B)$ 非 0 的事件。

5.1.5 朴素贝叶斯分类器

朴素贝叶斯分类器基于贝叶斯定理，适用于输入维数较高的情况。尽管它看起来很简单，但它在技术上能够比其他分类器执行得更好。

如图 5-10 所示，以红色显示的对象代表患有乳腺癌的人群，以蓝色显示的对象代表被诊断出患有乳腺癌的人群。我们的任务是得到能够标记各种新数据的分类器，在这种情况下，新数据是基于现有结构或对象类别出现的新的对象，我们的分类器需要能够识别新数据或新对象所属的组或类。

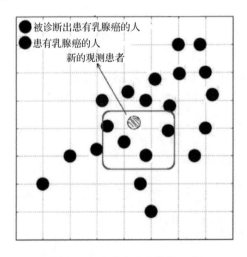

图 5-10（彩色）

图 5-10　乳腺癌患者数据示例

在贝叶斯定理中，先验概率更倾向于接近对象当前特征的模式或行为，这里的"先验"即先前经验。如果红色对象的百分比大于蓝色对象的，那么这给了我们一个预期，即新对象预测为红色对象的概率应该更高。

图 5-10 直观地显示了对于一个尚未分类的新对象 x，利用红色对象和蓝色对象的先验概率，可以计算出 x 是红色对象还是蓝色对象的后验概率，如下所示：

$$x \text{ 为红色对象的先验概率} = \frac{13}{21}$$

$$x \text{ 为蓝色对象的先验概率} = \frac{8}{21}$$

$$x \text{ 为红色对象的可能性} = \frac{\text{附近红色对象的个数}}{\text{红色对象的总个数}} = \frac{1}{13}$$

$$x \text{ 为蓝色对象的可能性} = \frac{\text{附近蓝色对象的个数}}{\text{蓝色对象的总个数}} = \frac{3}{8}$$

$$x \text{ 为红色对象的后验概率} = \frac{1}{13} \times \frac{13}{21} = \frac{1}{21}$$

$$x \text{ 为蓝色对象的后验概率} = \frac{3}{8} \times \frac{8}{21} = \frac{1}{7}$$

因此，新对象 x 有可能是被诊断出患有乳腺癌的人。

5.2　KNN 算法

5-1　KNN 算法

KNN（K-Nearest Neighbors，k 近邻）算法是最容易理解的分类算法之一（特别是在对数据分布知之甚少或没有先验知识的情况下）。KNN 算法可以存储总结所有已知案例，并基于相似性度量（如欧几里得距离）对新案例进行分类。KNN 算法因其简单性而在统计估计和模式识别中很受欢迎。

对于 1 近邻（1NN），它将一个特定点的标签设置为它距离最近的训练点的标签。当我们将其扩展为更高的 K 值时，测试点的标签取决于 K 个最近的训练点测量的标签。KNN 算法被认为是一种惰性学习（Lazy Learning）算法，因为优化是在本地完成的，并且计算会被延迟到分类部分。

KNN 算法有优点也有缺点。其优点是准确性高，对异常值不敏感，并且不对数据进行假设。其缺点是计算量大，需要占用大量内存。KNN 算法可以使用以下距离度量：

欧几里得距离 Euclidean Distance $= \sqrt{\sum_{i=1}^{k} (x_i - y_i)^2}$

曼哈顿距离 Manhattan Distance $= \sum_{i=1}^{k} |x_i - y_i|$

闵氏距离 Minkowski Distance $= \left(\sum_{i=1}^{k} (|x_i - y_i|)^q \right)^{\frac{1}{q}}$

考虑如下例子。一篮子水果里面只有苹果、香蕉和梨。假设苹果的品种是红色。那么颜色可以作为将这些水果彼此区分开来的一个特征，因为苹果是红色的，香蕉是黄色的，梨一般是绿色的。也可以通过质量来区分这些水果。为了说明这个例子，我们做以下假设。

形状特征分类如下。

（1）对于苹果，形状值介于 1 到 3 之间，颜色是红色或青色，而质量介于 170g 到 200g 之间。

（2）对于梨，形状值介于 2 到 4 之间，颜色是绿色或黄色，而质量介于 240g 到 250g 之间。

（3）对于香蕉，形状值介于 3 到 5 之间，颜色是黄色，而质量介于 140g 到 160g 之间。篮中水果的数据如表 5-4 所示。

表 5-4　水果数据

编号	形状	颜色	质量（g）	水果
1	1.75	红色	177.04	苹果
2	2.16	红色	185.66	苹果
3	2.31	红色	186.23	苹果
4	2.99	红色	173.39	苹果
5	2.22	青色	178.57	苹果
6	3.55	黄色	145.96	香蕉
7	4.80	黄色	162.44	香蕉
8	4.38	黄色	155.69	香蕉
9	4.98	黄色	148.66	香蕉
10	4.71	黄色	143.50	香蕉
11	1.64	红色	190.24	苹果
12	2.10	绿色	241.87	梨

续表

编号	形状	颜色	质量(g)	水果
13	2.85	绿色	242.16	梨
14	3.76	黄色	244.07	梨

现在，如果有一个质量和颜色类别已知的未标记水果，那么应用 KNN 算法(使用任何距离公式)会找到最近的 K 个邻居(如果它们是绿色的、红色的或黄色的，则未标记的水果很可能分别是梨、苹果或香蕉)。以下代码展示了基于水果的形状和质量的 KNN 算法:

```python
import csv
import matplotlib.patches as mpatches
import matplotlib.pyplot as plt
count = 0
x = []
y = []
z = []
with open('/Users/myhome/fruits_data.csv','r') as csvf:
 reader = csv.reader(csvf,delimiter=',')
 for row in reader:
 if count > 0:
 x.append(row[0])
        y.append(row[1])
 if( row[2] == '苹果'):z.append('r')
 elif( row[2] == '梨'):z.append('g')
 else:z.append('y')
 count += 1

plt.figure(figsize=(11,11))
 recs = []
 classes = ['苹果','梨','香蕉']
 class_colours = ['r','g','y']
 plt.title("苹果、香蕉和梨的质量和形状",fontsize=18)
 plt.xlabel("形状尺度",fontsize=14)
 plt.ylabel("质量",fontsize=14)
 plt.scatter(x,y,s=600,c=z)
```

代码运行结果如图 5-11 所示。

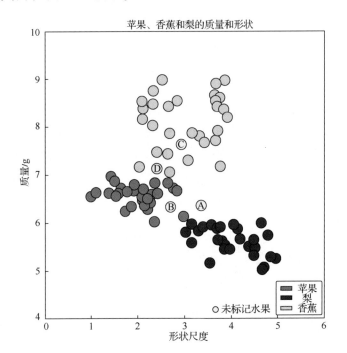

图 5-11 KNN 算法分类示例

图 5-11（彩色）

我们挑选 4 个未标记的水果，它们的坐标值分别为 $A(3.5, 6.2)$、$B(2.75, 6.2)$、$C(2.9, 7.6)$ 和 $D(2.4, 7.2)$，如以下代码：

```
from math import pow,sqrt
dist=[]
def determineFruit(xv,yv,threshold_radius):
 for i in range(1,len(x)):
     xdif=pow(float(x[i])-xv,2)
     ydif=pow(float(y[i])-yv,2)
     sqrtdist = sqrt(xdif+ydif))
     if( xdif < threshold_radius and ydif < thresholdradius and sqrtdist < threshold_
radius):
     dist.append(sqrtdist)
     else:
     dist.append(99)
     pear_count=0
```

```
    apple_count=0
    banana_count=0
  for i in range(1,len(dist)):
    if dist[i] < threshold_radius:
    if z[i] == 'g':pear_count += 1
    if z[i] == 'r':apple_count += 1
    if z[i] == 'y':banana_count += 1
  if( apple_count >= pear_count and apple_count >= banana_count ):
   return "apple"
  elif( pear_count >= apple_count and pear_count >= banana_count):
   return "pear"
  elif( banana_count >= apple_count and banana_count >= pear_count):
   return "banana"

dist=[]
determine = determineFruit(3.5,6.2,1)
print determine
'pear'
```

5.3　逻辑回归

　　正如我们之前看到的，线性回归的一个问题是它往往会欠拟合数据，该方法为我们提供了最低均方误差无偏估计器。使用欠拟合模型，我们可能不会得到最好的预测结果。有一些方法可以通过向我们的估计器添加一些偏差来进一步减少这种均方误差。

　　逻辑回归(Logistic Regression)是为具有真或假响应的数据构造拟合模型的方法之一。线性回归不能直接预测所有概率，但逻辑回归可以。此外，与朴素贝叶斯相比，逻辑回归可以更好地校准预测概率。

5-2　逻辑回归

　　在二进制形式的响应变量上，我们一般可以将 1 设置为 True，将 0 设置为 False。逻辑回归模型假设输入变量可以通过逆对数函数(Inverse Log Function)进行缩放。因此，从另一个角度而言，观察到的 y 值的对数可以表示为 x 的 n 个输入变量的线性组合，如下所示：

$$\log \frac{P(x)}{1 - P(x)} = \sum_{j=0}^{n} b_j x_j = z$$

$$\frac{P(x)}{1 - P(x)} = e^z$$

$$P(x) = \frac{e^z}{1+e^z} = \frac{1}{1+e^{-z}}$$

由于对数函数的逆函数是指数函数，因此右侧的表达式可看作 x 变量线性组合的 Sigmoid 转化。这意味着分母永远不能为 1（除非 z 为 0）。因此 $P(x)$ 的值严格大于 0 且小于 1，如以下代码：

```python
import matplotlib.pyplot as plt
import matplotlib
import random,math
import numpy as np
import scipy,scipy.stats
import pandas as pd
x = np.linspace(-10,10,100)
y1 = 1.0 /(1.0+np.exp(-x))
y2 = 1.0 /(1.0+np.exp(-x/2))
y3 = 1.0 /(1.0+np.exp(-x/10))
plt.title("Sigmoid 函数")
plt.plot(x,y1,'r-',lw=2)
plt.plot(x,y2,'g-',lw=2)
plt.plot(x,y3,'b-',lw=2)
plt.xlabel("x")
plt.ylabel("y")
plt.show()
```

图 5-12 展示了标准 Sigmoid 函数。

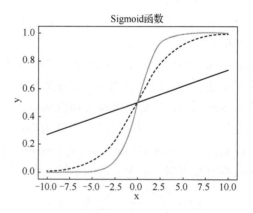

图 5-12　Sigmoid 函数

例如，对一个二分类变量，其取值为"开心"或"悲伤"。如下展示了开心和悲伤的对应概率：

$$P(开心) = \frac{e^z}{1+e^z}$$

$$P(悲伤) = 1 - P(开心) = \frac{1}{1+e^z}$$

以下，我们尝试根据真实数据预测泰坦尼克号的幸存者。该数据来源于 Kaggle，该平台举办了很多机器学习比赛。它通常提供训练数据和测试数据。titanic_ train. csv 和 titanic_ test. csv 文件分别用于训练和测试。我们可以使用来自 scikit-learn 的 linear_ model 包，其中包括逻辑回归算法，以下代码是预测泰坦尼克号的幸存者的获胜者版本的修改版本：

```
import numpy as np
import pandas as pd
import sklearn. linear_model as lm
import sklearn. cross_validation as cv
import matplotlib. pyplot as plt
train = pd. read_csv('/Users/myhome/titanic_train. csv')
test = pd. read_csv('/Users/myhome/titanic_test. csv')
train[train. columns[[2,4,5,1]]]. head()

data = train[['Sex','Age','Pclass','Survived']]. copy()
data['Sex'] = data['Sex'] == '女性'
data = data. dropna()

data_np = data. astype(np. int32). values
X = data_np[:,:-1]
y = data_np[:,-1]

female = X[:,0] == 1
survived = y == 1

#这个变量包含乘客的年龄值
age = X[:,1]
#以下计算了一些直方图
bins_ = np. arange(0,121,5)
S = {'男性':np. histogram(age[survived & ~female],bins=bins_)[0],
     '女性':np. histogram(age[survived & female],bins=bins_)[0]}
D={'男性':np. histogram(age[~survived & ~female],bins=bins_)[0],
    '女性':np. histogram(age[~survived &~female],bins=bins_)[0]}
bins = bins_[:-1]
plt. figure(figsize=(15,8))
```

```
for i,sex,color in zip((0,1),('male','female'),('#3345d0','#cc3dc0')):
    plt.subplot(121 + i)
    plt.bar(bins,S[sex],bottom=D[sex],color=color,width=5,label='生还')
    plt.bar(bins,D[sex],color='#aaaaff',width=5,label='死亡',alpha=0.4)
    plt.xlim(0,80)
    plt.grid(None)
    plt.title(sex + "生还")
    plt.xlabel("年龄")
    plt.legend()
(X_train,X_test,y_train,y_test) = cv.train_test_split(X,y,test_size=.05)
print X_train,y_train
#使用 lm.LogisticRegression()函数进行逻辑回归
logreg = lm.LogisticRegression();
logreg.fit(X_train,y_train)
y_predicted = logreg.predict(X_test)
plt.figure(figsize=(15,8));
plt.imshow(np.vstack((y_test,y_predicted)),interpolation='none',cmap='bone');
plt.xticks([]);plt.yticks([]);
plt.title(("Actual and predicted survival outcomes on the test set"))
```

图 5-13 所示为泰坦尼克号男性和女性幸存者的线性回归图。

在之前的内容中，我们已经看到 scikit-learn 是一个很好的用于机器学习的集合。此外，它还附带了一些标准数据集，如用于分类的鸢尾花数据集和手写数字数据集，以及用于回归的波士顿房价数据集。机器学习的目的是学习数据的属性特征并将这些属性特征应用于新数据集。

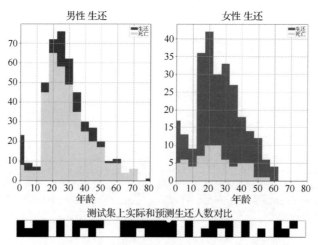

图 5-13（彩色）

图 5-13　泰坦尼克号幸存者线性回归图

5.4　支持向量机

支持向量机(Support Vector Machine，SVM)是可应用于回归或分类的一种监督学习方法，它是非线性模型的扩展，根据经验来说它往往能够展示出好的效果，并在许多应用中取得了成功，如生物信息学等。该方法计算成本低且易于实现，但容易欠拟合并且可能精度低。

SVM 的目标是找到 x 和 y 之间的关系模式，即 $X \rightarrow Y$($x \in X$ 和 $y \in Y$)的映射。这里，x 可以是一个对象，而 y 是一个标签。另一个简单的例子是 X_i 是一个 n 维实值空间，而 y 是一组值($-1, 1$)。

SVM 的一个经典例子是，当给定一幅老虎和一幅人的图像时，X 为像素图像的集合，而 Y 为给出未知图像时问题答案的标签，即这是"老虎"还是"人"。图 5-14 是字符识别示例。

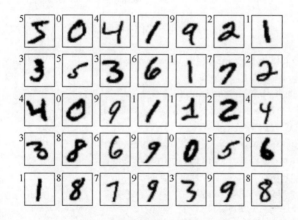

图 5-14　字符识别示例

互联网上已经有很多 SVM 的示例，但在这里，我们将展示如何使用 scikit-learn 将可视化方法应用于包括 SVM 在内的各种机器学习算法，其结果如图 5-15 所示。在 sklearn 中，sklearn. svm 使用 SVR() 函数来进行回归分析：

```
import numpy as np
from sklearn.svm import SVR
import matplotlib.pyplot as plt
```

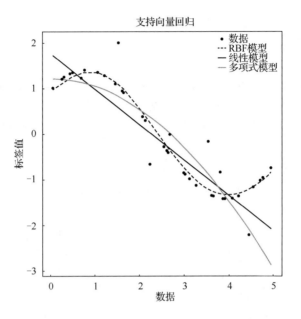

图 5-15　用 SVM 进行回归分析

```
X = np.sort(5 * np.random.rand(40,1),axis=0)
y = (np.cos(X)+np.sin(X)).ravel()
y[::5] += 3 * (0.5 - np.random.rand(8))
svr_rbfmodel = SVR(kernel='rbf',C=1e3,gamma=0.1)
svr_linear = SVR(kernel='linear',C=1e3)
svr_polynom = SVR(kernel='poly',C=1e3,degree=2)
y_rbfmodel = svr_rbfmodel.fit(X,y).predict(X)
y_linear = svr_linear.fit(X,y).predict(X)
y_polynom = svr_polynom.fit(X,y).predict(X)
plt.figure(figsize=(11,11))
plt.scatter(X,y,c='k',label='数据')
plt.hold('on')
plt.plot(X,y_rbfmodel,c='g',label='RBF 模型')
plt.plot(X,y_linear,c='r',label='线性模型')
plt.plot(X,y_polynom,c='b',label='多项式模型')
plt.xlabel('数据')
plt.ylabel('标签值')
plt.title('支持向量回归')
plt.legend()
plt.show()
```

5.5　主成分分析

　　主成分分析(Principal Component Analysis，PCA)是考察多个变量间相关性的一种多元统计方法，研究如何通过少数几个主成分来揭示多个变量间的内部结构，主成分通常由变量的线性组合构成。即 PCA 研究如何从原始变量中导出少数几个主成分，使它们尽可能多地保留原始变量的信息，主成分彼此间互不相关。

5-3　主成分分析

　　k-means 聚类适用于聚类未标记的数据。有时，可以使用 PCA 将数据映射到低得多的维度，然后将其他方法(如 k-means)应用于更小的数据空间。

　　但是，降维过程非常重要，任何降维的过程都可能导致信息丢失，因此算法如何在丢弃噪声的同时保留数据的有用部分至关重要。在这里，我们将从两个角度(相关性和冗余、可视化)考虑 PCA，并解释为什么保持最大可变性是有意义的。

　　假设我们收集了学生的数据，其中涉及性别、身高、体重、看电视时间、运动时间、学习时间、GPA 等详细信息。在使用这些数据对这些学生进行分析时，我们发现，通常学生越高，体重越重，如图 5-16 所示，相应代码如下。需要注意的是，在范围更大的人群中可能不是这样的情况(更大的体重并不一定意味着身高更高)。

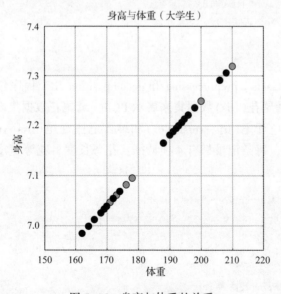

图 5-16　身高与体重的关系

```
import matplotlib.pyplot as plt
import csv
gender = []
x = []
y = []
with open('/Users/kvenkatr/height_weight.csv','r') as csvf:
    reader = csv.reader(csvf,delimiter=',')
    count = 0
    for row in reader:
        if count > 0:
            if row[0] == "f":gender.append(0)
            else:gender.append(1)
            height = float(row[1])
            weight = float(row[2])
            x.append(height)
            y.append(weight)
        count += 1
plt.figure(figsize=(11,11))
plt.scatter(y,x,c=gender,s=300)
plt.grid(True)
plt.xlabel('体重',fontsize=18)
plt.ylabel('身高',fontsize=18)
plt.title("身高与体重(大学生)",fontsize=20)
plt.legend()
plt.show()
```

使用 sklearn 的 datasets、preprocessing 和 decomposition 几个程序包，可以编写简单的可视化代码，我们使用鸢尾花(Iris)数据集来展示 PCA。鸢尾花数据集内包含 3 类，分别为山鸢尾(Iris-setosa)、变色鸢尾(Iris-versicolor)和维吉尼亚鸢尾(Iris-virginica)，共 150 条记录，每类各 50 个记录，每条记录都有 4 项特征：花萼长度、花萼宽度、花瓣长度、花瓣宽度。代码如下：

```
from sklearn.datasets import load_iris
from sklearn.preprocessing import StandardScaler
import matplotlib.pyplot as plt
data = load_iris()
X = data.data
#将第一列特征的单位从 cm 转换为 inch
```

```
X[:,0] /= 2.54
#将第二列特征的单位从 cm 转换为 meter
X[:,1] /= 100
from sklearn.decomposition import PCA

def scikit_pca(X):
    #归一化
    X_std = StandardScaler().fit_transform(X)
    # PCA
    sklearn_pca = PCA(n_components=2)
    X_transf = sklearn_pca.fit_transform(X_std)
    #可视化数据
    plt.figure(figsize=(11,11))
    plt.scatter(X_transf[:,0],X_transf[:,1],s=600,color='#8383c4',alpha=0.56)
    plt.title('基于 scikit-learn 中 SVD 实现的 PCA',fontsize=20)
    plt.xlabel('花萼宽度',fontsize=15)
    plt.ylabel('花萼长度',fontsize=15)
    plt.show()
scikit_pca(X)
```

图 5-17 展示了基于 scikit-learn 的 PCA 效果。

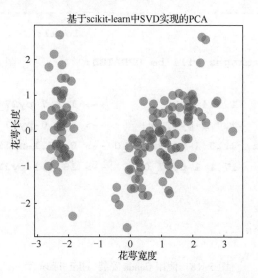

图 5-17（彩色）

图 5-17　用 PCA 进行分类示例

上述代码需要安装 scikit-learn 库。用以下命令帮助安装 scikit-learn 库：

```
$conda install scikit-learn
```

其运行结果如图 5-18 所示。

对于 Anaconda，由于 CLI 都是通过 Conda 实现的，因此可以使用 Conda 安装 scikit-learn 库。也可以使用 pip install 进行安装。其他安装问题可以仔细查看安装文档。

```
Fetching package metadata: ....
Solving package specifications: .
Package plan for installation in environment /Users/myhomedir/anaconda:

The following packages will be downloaded:

    package                    |                build
    ---------------------------|-----------------
    nose-1.3.7                 |          py27_0       194 KB
    setuptools-18.0.1          |          py27_0       341 KB
    pip-7.1.0                  |          py27_0       1.4 MB
    scikit-learn-0.16.1        |      np19py27_0       3.3 MB
    ------------------------------------------------------------
                                        Total:         5.2 MB

The following packages will be UPDATED:

    nose:         1.3.4-py27_1       --> 1.3.7-py27_0
    pip:          7.0.3-py27_0       --> 7.1.0-py27_0
    scikit-learn: 0.15.2-np19py27_0  --> 0.16.1-np19py27_0
    setuptools:   17.1.1-py27_0      --> 18.0.1-py27_0

Proceed ([y]/n)? y
Fetching packages ...
```

图 5-18　使用 Conda 安装 scikit-learn 库

5.6　k-means 聚类

k-means 聚类起源于信号处理任务，是数据挖掘中的一种流行方法。k-means 聚类的主要目的是将数据根据某个特征进行分类。k-means 聚类也称为分区聚类。这意味着在各种聚类过程开始之前都需要指定所需要聚类的类别数量。我们可以定义一个目标函数，该函数基于数据点与其最近的聚类中心之间的欧几里得距离之和，通过找到一组全新的聚类类别中心来最小化这个目标函数。

k-means 聚类是聚类分析中的一种流行方法。它不需要任何假设。这意味着当给定数据集并将预定数量的集群标记为 k 时，应用 k-means 聚类可以最小化距离的平方和误差。

该算法很容易理解，步骤如下所示。

(1)给定 n 个点(x,y)和 k 个聚类中心。

(2)对于点(x,y)，找到最接近该点的聚类中心，以确定点(x,y)所属的类群。

(3)在每个类群中，找到中心点并将其设置为该类群的聚类中心，重复此过程。

让我们看一个使用 sklearn. cluster 包中的 k-means 的简单示例(它可以应用于大量数据点)。这个例子展示了如何用最少的代码(使用 scikit-learn 库)完成 k-means 聚类。

```python
import matplotlib.pyplot as plt
from sklearn.cluster import KMeans
import csv
x=[]
y=[]
with open('/Users/myhomedir/cluster_input.csv','r')as csvf:
    reader = csv.reader(csvf,delimiter=',')
    for row in reader:
        x.append(float(row[0]))
        y.append(float(row[1]))
data=[]
for i in range(0,120):
 data.append([x[i],y[i]])
plt.figure(figsize=(10,10))
plt.xlim(0,12)
plt.ylim(0,12)
plt.xlabel("X 数值",fontsize=14)
plt.ylabel("Y 数值",fontsize=14)
plt.title("聚类前",fontsize=20)
```

```
plt.plot(x,y,'k.',color='#0080ff',markersize=35,alpha=0.6)

kmeans = KMeans(init='k-means++',n_clusters=3,n_init=10)
kmeans.fit(data)

plt.figure(figsize=(10,10))
plt.xlabel("X数值",fontsize=14)
plt.ylabel("Y数值",fontsize=14)
plt.title("聚类后",fontsize=20)
plt.plot(x,y,'k.',color='#ffaaaa',markersize=45,alpha=0.6)
#画出数据的中心点
centroids = kmeans.cluster_centers_
plt.scatter(centroids[:,0],centroids[:,1],marker='x',s=200,linewidths=3,color=
'b',zorder=10)
plt.show()
```

聚类前的原始数据如图 5-19 所示。

在这个例子中，如果我们设置 $k=3$，即 3 个聚类类群，可以得到图 5-20 所示结果。

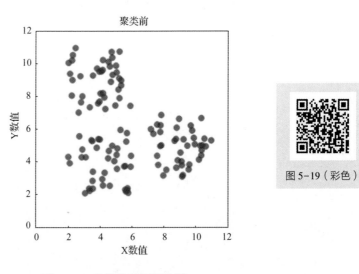

图 5-19 聚类前的原始数据

图 5-19（彩色）

在这个例子中，如果我们设置 $k=5$，即 5 个聚类类群，则此时有一个类群保持不变，但是其他两个类群被分成两个以得到 5 个类群，如图 5-21 所示。

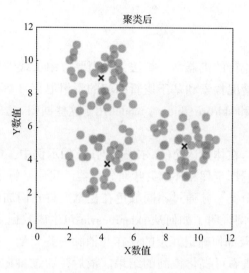

图 5-20（彩色）

图 5-20　使用 k-means（$k=3$）进行聚类

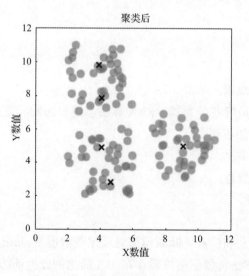

图 5-21（彩色）

图 5-21　使用 k-means（$k=5$）进行聚类

5.7　总结

本章通过示例说明了流行的机器学习算法，并简要介绍了线性回归和逻辑回归。通过基于线性回归的大学录取情况探索和基于逻辑回归的泰坦尼克号幸存者预测两个例子，本章还说明了如何将 pandas 和 sklearn. linear_ model 用于这些回归方法。在这两个例子中，可视化方法都基于 matplotlib。

我们也了解了决策树。在体育运动(高尔夫和网球)的示例中，使用 sklearn 包构建决策树。此外，我们讨论了贝叶斯定理和朴素贝叶斯分类器。我们了解了 KNN 算法，根据水果的质量和形状对水果进行分类，并通过不同颜色在视觉上将它们加以区分。我们还以简单的形式阐述了 SVM，并举例说明了如何从 sklearn. svm 包生成数据并使用 matplotlib 库绘制结果。也了解了 PCA，以及如何确定冗余的存在并消除一些变量。我们使用鸢尾花示例和 sklearn. preprocessing 库来查看可视化得到的结果。最后，通过 sklearn. cluster 的 KMeans 函数示例了解了 k-means 聚类，这是实现聚类的最简单方法(使用最少的代码)。

本章习题

一、简答题

1. 简述决策树的分类规则。
2. 简述决策树、朴素贝叶斯分类器、KNN 算法、逻辑回归、支持向量机的优缺点。
3. 简述 k-means 聚类的步骤。
4. 简述决策树的几种类型。
5. 简述主成分分析的原理。

二、程序题

1. 分别利用决策树模型和朴素贝叶斯模型对鸢尾花数据集(load_iris())进行建模。
(1)采用分层抽样的方法将数据集按照 0.7∶0.3 的比例分为训练集和测试集。
(2)在训练集上训练模型，并计算训练误差。
(3)在测试集上计算测试误差。
2. 利用 KNN 算法对鸢尾花数据集进行建模。
(1)利用全部的样本点进行建模。

（2）将 sepal length 与 sepal width 两个变量作为可视化分类结果，即绘制出散点图。

（3）绘制出分类边界。

3. 利用逻辑回归对乳腺癌数据 load_ breast_ cancer() 进行建模。

（1）采用分层抽样的方法将数据集按照 0.7∶0.3 的比例分为训练集和测试集。

（2）特征归一化预处理。

（3）在训练集上训练模型，计算每个变量的概率值。

（4）给出预测结果。

4. 利用支持向量机对手写数字数据集 load_ digits() 进行建模，比较使用不同的核函数（高斯核、多项式核）所得的结果。

5. 利用 PCA 对手写数字数据集 load_ digits() 进行降维，可视化前 3 个最大特征值对应的特征变量，观察其反映了什么特征信息，并尝试使用 SVD 的方法实现 PCA。

6. 分别对鸢尾花、手写数字数据集进行 k-means 聚类，并选择聚类数 k。

第**6**章　金融和统计模型

在金融领域中，一类常见的数据是金融产品的价格数据，其本质上是金融时间序列数据，这类数据的一大特点是，观测数据随着观测时间变化而变化，并可能呈现出一定的长期趋势或者周期性波动。本章将对金融和统计模型进行介绍，并以金融产品（如股票）为例，介绍相关的模型代码，以及常见可视化方法。

本章我们将讨论一些金融市场中的例子。例如如何从公开数据源收集股票市场中的价格和收益率数据等，一些确定性模型和随机模拟模型，以及股票波动率建模和数据等。

【本章学习目标】

(1) 了解金融时间序列数据；

(2) 了解确定性模型；

(3) 掌握随机模型和蒙特卡罗模拟；

(4) 理解波动率模型。

6.1　回报率模型和确定性模型

投资的最终目标是盈利，而投资的回报或损失取决于投资品价格的变化和所持有资产的数量。投资者通常对回报与初始投资规模高度相关的投资品感兴趣。一般而言，我们用投资回报衡量收益。以下我们介绍一种总回报模型。令 P_t 为时间 t 的某种资产投资额，如股票、债券或股票和其组合，则简单收益率可以表示为：

6-1　回报率模型和确定性模型

$$\frac{P_{t+1}}{P_t} = 1 + R_{t+1}$$

这里，P_{t+1} 为投资回报价值，回报收益为 R_{t+1}。如果 $P_t = 10$ 和 $P_{t+1} = 10.6$，则 $R_{t+1} =$

$0.06 = 6\%$。回报是无标度的，这意味着它们不依赖于单位，但回报取决于 t 的单位（如小时、天等）。如果 t 是以年来衡量的，则净回报率是每年 6%。最近 k 年的总回报是 k 个单年总回报（从 $t-k$ 到 t）的乘积，如下所示：

$$1 + R_t(k) = \frac{P_t}{P_{t-k}}$$

$$= \left(\frac{P_t}{P_{t-1}}\right)\left(\frac{P_{t-1}}{P_{t-2}}\right)\cdots\left(\frac{P_{t-k+1}}{P_{t-k}}\right)$$

$$= (1 + R_t)(1 + R_{t-1})\cdots(1 + R_{t-k+1})$$

这是一个确定性模型的例子，其特点是，定量输入值只有单一结果，不存在随机性。如果进一步考虑每年的通货膨胀率（简称通胀率），并将其包含在前面的方程中，假设 F_t 是与回报 R_t 对应的通胀率，我们将得到以下方程：

$$1 + R_t(k) = \left(\frac{1 + R_t}{1 + F_t}\right)\left(\frac{1 + R_{t-1}}{1 + F_{t-1}}\right)\cdots\left(\frac{1 + R_{t-k+1}}{1 + F_{t-k+1}}\right)$$

假设 $F_t = 0$，那么前面的方程就适用了。假设不考虑通货膨胀，然后问这个问题："2010 年的初始投资为 1 万美元，回报率为 6%，多少年后我的投资会翻倍？"

在 Python 程序中，除了绘制投资收益曲线外，我们还添加一条直线 $y = mx$，看看它与投资收益曲线的相交情况。若投资在 2022 年翻倍变成 2 万美元，即相较于初始投资增加了 1 万美元，则我们可以计算该直线的斜率 $m = 10000/12 = 833.33$。因此，我们将这个斜率值 833.33 纳入程序中，以同时显示投资收益曲线和直线。以下代码将投资收益曲线与直线重叠进行比较：

```python
import matplotlib.pyplot as plt
principle_value = 10000 #投资数额
grossReturn = 1.06 # R_t
return_amt = []
x = []
y = [10000]
year = 2010
return_amt.append(principle_value)
x.append(year)
for i in range(1,15):
  return_amt.append(return_amt[i - 1] * grossReturn)
  print("Year-",i,"Returned:",return_amt[i])
  year += 1
  x.append(year)
```

```
    y.append(833.33 * (year - 2010)+ principle_value)
#绘制网格
plt.grid()
#画出收益曲线
plt.plot(x,return_amt,color='r')
plt.plot(x,y,color='b')
plt.xlabel("年份")
plt.ylabel("收益(美元)")
plt.show()
```

如图 6-1 所示，一个有趣的事实是，这条曲线在 2022 年附近与这条直线相交。此时，回报价值约 2 万美元。然而，到了 2022 年，回报价值约为 20121 美元。该投资的价值增长模式与许多股票尤其是成熟公司的股票所支付的股息都可被这个等式解释。此时，如果在时间 t 之前支付了股息（或利息）D_t，则在时间 t 时的总回报定义如下：

$$1 + R_{t+1} = \frac{P_t + D_t}{P_{t-1}}$$

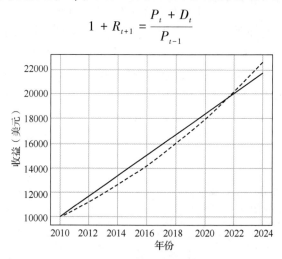

图 6-1 投资收益曲线

另一个例子是抵押贷款，即以一定利率从金融机构借入一定数额的贷款。我们选择一笔 35 万美元的贷款金额，利率为 5%，期限为 30 年。这是美国抵押贷款的一个典型例子，贷款金额和利率因贷款者的信用记录和市场利率而异。简单的本息和计算为 $P(1 + rt)$，其中 P 为本金，r 为利率，t 为期限，则第 30 年末累计的总额为：

$$350000 \times \left(1 + \frac{5}{100} \times 30\right) = 350000 \times \frac{5}{2} = 875000$$

　　事实证明，到第 30 年末，你可能已经支付了贷款金额的两倍多(计算中没有考虑到税费等成本)。代码如下：

```
from decimal import Decimal
import matplotlib.pyplot as plt

colors = [(31,119,180),(174,199,232),(255,128,0),(255,15,14),
    (44,160,44),(152,223,138),(214,39,40),(255,173,61),
    (148,103,189),(197,176,213),(140,86,75),(196,156,148),
    (227,119,194),(247,182,210),(127,127,127),
    (199,199,199),(188,189,34),(219,219,141),
    (23,190,207),(158,218,229)]
#将 RGB 的数值归一化到[0,1]使其满足 matplotlib 中的标准
for i in range(len(colors)):
  r,g,b = colors[i]
  colors[i] = (r / 255.,g / 255.,b / 255.)

def printHeaders(term,extra):
  # 输出表头
  print("\nExtra-Payment:$" + str(extra) + " Term:" + str(term) + " years")
  print("-------------------------------------------------------")
  print('Pmt no'.rjust(6),'','Beg. bal.'.ljust(13),'',)
  print('Payment'.ljust(9),'','Principal'.ljust(9),'',)
  print('Interest'.ljust(9),'','End. bal.'.ljust(13))
  print(''.rjust(6,'-'),'',''.ljust(13,'-'),'',)
  print(''.rjust(9,'-'),'',''.ljust(9,'-'),'',)
  print(''.rjust(9,'-'),'',''.ljust(13,'-'),'')

def amortization_table(principal,rate,term,extrapayment,
              printData=False):
  xarr = []
  begarr = []
  original_loan = principal
  money_saved = 0
  total_payment = 0
  payment = pmt(principal,rate,term)
  begBal = principal
  #输出数据
  num = 1
  endBal = 1
  if printData == True:printHeaders(term,extrapayment)
```

```
        while(num < term + 1) and(endBal > 0):
            interest = round(Decimal(begBal) * Decimal(rate /(12 * 100.0)),2)
            applied = extrapayment + round(Decimal(payment) - Decimal(interest),2)
            endBal = round(begBal - applied,2)
            if(num - 1) % 12 == 0 or(endBal < applied + extrapayment):
                begarr.append(begBal)
                xarr.append(num / 12)
                if printData == True:
                    print('{0:3d}'.format(num).center(6),'',)
                    print('{0:,.2f}'.format(begBal).rjust(13),'',)
                    print('{0:,.2f}'.format(payment).rjust(9),'',)
                    print('{0:,.2f}'.format(applied).rjust(9),'',)
                    print('{0:,.2f}'.format(interest).rjust(9),'',)
                    print('{0:,.2f}'.format(endBal).rjust(13))
            total_payment += applied + extrapayment
            num += 1
            begBal = endBal
        if extrapayment > 0:
            money_saved = abs(original_loan - total_payment)
            print('\nTotal Payment:','{0:,.2f}'.format(total_payment).rjust(13))
            print('Money Saved:','{0:,.2f}'.format(money_saved).rjust(13))
        return xarr,begarr,'{0:,.2f}'.format(money_saved)


def pmt(principal,rate,term):
    ratePerTwelve = rate /(12 * 100.0)
    result = principal * (ratePerTwelve /(1 -(1 + ratePerTwelve) * * (-term)))
    #转换为小数,并四舍五入到小数点后两位
    result = Decimal(result)
    result = round(result,2)
    return result


plt.figure(figsize=(18,14))
#amortization_table(150000,4,180,500)
i = 0
markers = ['o','s','D','^','v','* ','p','s','D','o','s','D','^','v','* ','p',
's','D']
markersize = [8,8,8,12,8,8,8,12,8,8,8,8,8,8,8,8,8,8,8,8,8,8,8,8]
```

```
for extra in range(100,1700,100):
  xv,bv,saved = amortization_table(450000,5,360,extra,False)
  if extra == 0:
    plt.plot(xv,bv,color=colors[i],lw=2.2,label='Principal only',
        marker=markers[i],markersize=markersize[i])
  else:
    plt.plot(xv,bv,color=colors[i],lw=2.2,
        label="本金加上 \$" + str(extra) + str("/月,节省: \$") + saved,marker=
markers[i],
        markersize=markersize[i])
  i += 1
plt.grid(True)
plt.xlabel('时间(年)',fontsize=18)
plt.ylabel('抵押贷款余额(美元)',fontsize=18)
plt.title("350000 美元的额外节省金额与本金节省金额图",fontsize=20)
plt.legend()
plt.show()
```

　　将抵押贷款支付的额外节省金额与本金节省金额进行比较，如图 6-2 所示，抵押贷款余额早于 30 年支付额外金额的本金。固定利率抵押贷款指借款人每月支付的金额，以确保贷款在其期限结束时得到全额支付和利息。每月支付额取决于利率(r)、贷款期限(t)，以及贷款本金(P)。然而，如果每个月都支付固定额外加一个额外的金额，那么贷款可以在更短的时间内还清。

　　我们尝试使用上述程序中节省下来的钱与 500~1300 美元的额外金额作图。图 6-3 显示了 3 种不同贷款金额的节省金额，其中 x 轴表示贷款，y 轴表示节省金额。从图 6-2 中可知，加上额外的 800 美元，可以减少近一半的贷款金额，并在一半的期限内还清贷款。

　　下面的代码使用了一个气泡图，也可直观地显示对抵押贷款本金的节省金额：

```
import matplotlib.pyplot as plt

#节省金额
yvals1 = [101000,111000,121000,131000,138000,143000,148000,153000,158000]
yvals2 = [130000,142000,155000,160000,170000,180000,190000,194000,200000]
yvals3 = [125000,139000,157000,171000,183000,194000,205000,212000,220000]
xvals = [500,600,700,800,900,1000,1100,1200,1300]
#初始化
bubble1 = []
bubble2 = []
bubble3 = []
```

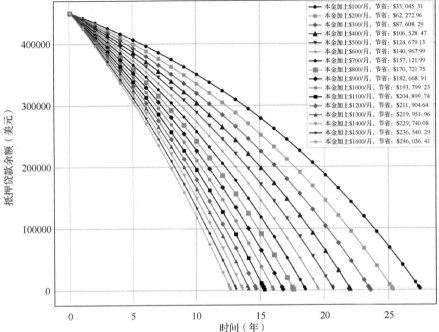

图 6-2（彩色）

图 6-2　额外节省金额与本金节省金额比较

```
# 缩放使得其能够展示
for i in range(0,9):
    bubble1.append(yvals1[i] / 20)
    bubble2.append(yvals2[i] / 20)
    bubble3.append(yvals3[i] / 20)

#画出 y 的值
fig,ax = plt.subplots(figsize=(10,12))
plt1 = ax.scatter(xvals,yvals1,c='#d82730',s=bubble1,alpha=0.5)
plt2 = ax.scatter(xvals,yvals2,c='#2077b4',s=bubble2,alpha=0.5)
plt3 = ax.scatter(xvals,yvals3,c='#ff8010',s=bubble3,alpha=0.5)

#设置标题和标签
ax.set_xlabel('货款',fontsize=16)
ax.set_ylabel('节省金额',fontsize=16)
ax.set_title('通过增加额外的美元来节省抵押贷款的总额')
```

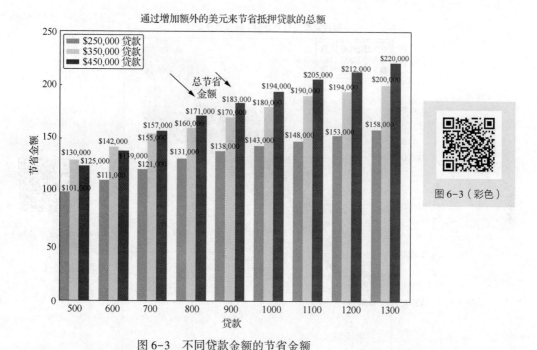

图 6-3 （彩色）

图 6-3 不同贷款金额的节省金额

```
ax.set_title('抵押贷款的节省金额(每月额外支付)',fontsize=20)

#设置坐标轴的范围
ax.set_xlim(400,1450)
ax.set_ylim(90000,230000)

ax.grid(True)
ax.legend((plt1,plt2,plt3),('$250,000 贷款','$350,000 贷款','$450,000 贷款'),
          scatterpoints=1,loc='upper left',markerscale=0.17,fontsize=10,ncol=1)
ax.set_xlable('额外的美元金额')
ax.set_ylable('节省金额')

fig.tight_layout()
plt.show()
```

通过气泡图，可以更清晰地看出哪种贷款能提供更多的储蓄。简单起见，我们只比较 3 种贷款金额：25 万美元、35 万美元和 45 万美元。图 6-4 显示了不同贷款金额额外支付节省的费用。

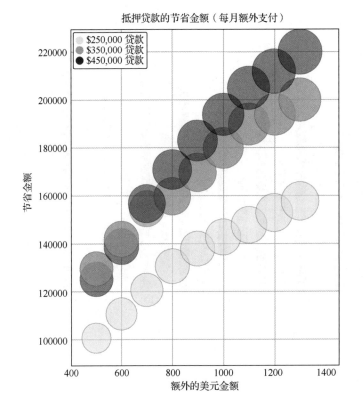

图 6-4　不同贷款金额额外支付节省费用

6.2　随机模型

我们已经讨论了确定性模型，定量输入值只有单一结果，不存在随机性。"随机"这个词来源于希腊单词"Stochastikos"。它意味着猜测或偶然，其反义词为"确定性"。一个随机模型预测了一组根据其可能性或概率加权的可能结果。例如，一枚硬币在空中翻转时，最终"肯定"落在地球上，但它正面或反面朝上是"随机的"。

6.2.1　蒙特卡罗模拟

蒙特卡罗模拟，也被看作一种概率模拟，是一种用于理解各种预测模型中风险和不确定性的影响的技术。蒙特卡罗方法是由斯塔尼斯拉夫·乌拉姆(Stanislaw Ulam)在 1940 年发明的。今天有了计算机，你

6-2　蒙特卡罗模拟

可以快速生成随机数并运行模拟，但他在多年前发现这种方法时计算非常困难。在预测模型中，都需要一些假设，可能是对一个投资组合投资回报的假设，或是完成某项任务需要多长时间的假设。由于这些都是针对未来情况的预测，最好的办法是估计出期望值。

蒙特卡罗模拟是一种以随机数集为输入的迭代评估确定性模型的方法。当模型复杂、非线性或涉及多个不确定参数时，通常使用这种方法。一次模拟通常可以涉及超过 10 万个甚至 100 万个对模型的评估。让我们来看看确定性模型和随机模型之间的区别。一个确定性模型将具有确定性的实际输入，以产生一致的结果，如图 6-5 所示。

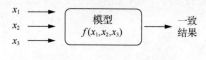

图 6-5　确定性模型

随机模型的输入是概率性的，并且来自一个概率密度函数，产生的结果也是概率性的。图 6-6 所示为一个随机模型。

图 6-6　随机模型

首先，我们创建一个模型，并假设已经确定了 3 个随机输入 x_1、x_2 和 x_3，以及一个方法 $f(x_1, x_2, x_3)$，并生成了 10000 个随机输入值（在某些情况下，它可能更少或更多）。评估这些输入的模型，重复输入这 10000 个随机值，并将它们记录为 y_i（i 为 1~10000）。分析结果，并选择一个最有可能的结果。

如果我们思考这个问题："洛杉矶快船队赢得第七场比赛的概率是多少？"在篮球比赛的背景下，通过一些对这个问题有合理意义的随机输入，你可以通过蒙特卡罗模拟得到一个答案：他们有 45% 的机会获胜，即他们输了。

1. 例子：利润最大化问题

水果店销售一些水果，每天订购 Y 千克。每售出 1 千克盈利 0.6 美元，未在一天结束时售完每千克损失 0.4 美元。每天的需求 d 都均匀分布在 $[80, 140]$。零售商应该订购多少千克可以使预期利润最大化？

用 p 表示利润, s 表示订购水果的千克数, d 表示需求, 则建立利润随需求的函数如下所示:

$$p = \begin{cases} 0.6s & ,d \geq s \\ 0.6d - 0.4(s - d) & ,s > d \end{cases}$$

利用 Python 最大化利润, 代码如下:

```python
import numpy as np
from math import log
import matplotlib.pyplot as plt
x = []
y = []
#定义 generateProfit()函数
def generateProfit(d):
  global s
  if d >= s:
    return 0.6 * s
  else:
    return 0.6 * d - 0.4 * (s - d)


#虽然 y 从[80,140]的均匀分布中生成
#但是实际模拟时 d 从[20,305]的均匀分布中生成
maxprofit = 0
for s in range(20,305):
  for i in range(1,1000):
    #生成随机数 d
    d = np.random.randint(10,high=200)
    profit = generateProfit(d)
    if profit > maxprofit:maxprofit = profit
  x.append(s)
  y.append(log(maxprofit))#对数变换后画图

plt.xlabel("售出单位")
plt.ylabel("最大利润(对数尺度)")
plt.title("通过蒙特卡罗模拟寻找最大利润")
print("最大利润:",maxprofit)
```

随着被售出水果增加, 利润会增加, 但当需求得到满足时, 最大利润保持不变。图 6-7 的数值在对数尺度上显示, 这意味着对样本容量 $n = 1000$ 模拟得到最大利润为 119.4 美元, 取自然对数之后为 $\ln(119.4) = 4.782$(注意, Python 中自然对数是 log())。

接下来，我们求解解析解。由于需求 d 在 $[80, 140]$ 中均匀分布，因此预期利润由以下积分得到：

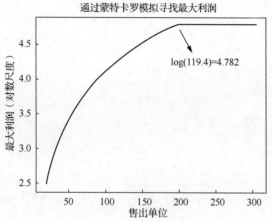

通过蒙特卡罗模拟寻找最大利润

log(119.4)=4.782

图 6-7　通过蒙特卡罗模拟寻找最大利润

$$p = \int_x^{140} \frac{0.6s}{60} dx + \int_{80}^x \frac{0.6x - 0.4(s - x)}{60} dx$$

$$= \int_x^{140} \frac{0.6s}{60} dx + \int_{80}^x \frac{(x - 0.4s)}{60} dx$$

$$= \frac{s}{100}(140 - x) + \frac{s^2}{600} + \frac{8}{15}s - \frac{160}{3}$$

$$= -\frac{5 s^2}{600} + \frac{29}{15}s - \frac{160}{3} \Rightarrow \frac{s}{60} + \frac{29}{15} = 0 \Rightarrow s$$

$$= \frac{29 \times 60}{15} = 116$$

解析解的答案为 116，蒙特卡罗模拟得到的数约为 119。有时它会得到 118 或 116，这取决于试验的次数。

考虑另一个简单的例子，思考这个问题："在一个挤满 30 名学生的教室里，不止一个人拥有相同生日的概率是多少？"假设这一年不是闰年，即一年有 365 天。下面的代码显示了如何计算一个有 30 名学生的教室里多人拥有相同生日的概率：

```
import numpy as np

numstudents = 30
numTrials = 10000
numWithSameBday = 0
```

```
for trial in range(numTrials):
    year = [0] * 365
    for i in range(numstudents):
        newBDay = np.random.randint(365)
        year[newBDay] = year[newBDay] + 1
    haveSameBday = False
    for num in year:
        if num > 1:
            haveSameBday = True
    if haveSameBday == True:
        numWithSameBday = numWithSameBday + 1

prob = float(numWithSameBday) / float(numTrials)
print("The probability of a shared birthday in a class of ",numstudents," is ",prob)
```

2. 篮球比赛中的蒙特卡罗问题

我们考虑一个篮球比赛中经常遇到的例子。问题为"当比分落后 3 分，离结束只剩 30s 时，是尝试一个 3 分还是保证一个简单的 2 分然后再次控球更好？"

基本规则为：每支球队都有 24s 的控球权。在这段时间内（即使是在更短的时间内），如果他们得分，对方球队将在接下来的 24s 内获得控球权。然而，由于只剩下 30s，如果一个球员能在不到 10s 的时间内快速命中三分球，那么对手还剩下大约 20s。因为球员的目标是减少落后的分数，所以得到 3 分是他们的最佳利益。让我们尝试编写一个 Python 程序来回答这个问题。

在展示模拟程序之前，需了解问题领域中涉及的一些参数。为了确定三分球的胜率是否更高，以下关于球员和对方球队的统计数据是非常重要的。首先，我们定义如下几个变量：本队球员两分球和三分球命中率分别表示为 twoPtPercent 和 threePtPercent，对方两分球命中率为 oppTwoPtPercent，对方罚球命中率为 oppFtPercent，篮板率为 offenseReboundPercent。

对方球队的罚球命中率越高，我们的答案就越倾向于投出三分球。

```
import numpy as np
import matplotlib.pyplot as plt

colors = [(31,119,180),(174,199,232),(255,127,14),
    (255,187,120),(44,160,44),(214,39,40),(148,103,189),
    (152,223,138),(255,152,150),(197,176,213),(140,86,75),
    (196,156,148),(227,119,194),(247,182,210),(127,127,127),
```

```
        (199,199,199),(188,189,34),(219,219,141),(23,190,207),
        (158,218,229),(217,217,217)]
#将 RGB 值归一化到[0,1],使其满足 matplotlib 画图需求
for i in range(len(colors)):
  r,g,b = colors[i]
  colors[i] = (r / 255. ,g / 255. ,b / 255. )


def attemptThree():
  if np. random. randint(0,high=100)< threePtPercent:
    if np. random. randint(0,high=100)< overtimePercent:
      return True #取胜
  return False #没有投中三分球或在加时赛中失败


def attemptTwo():
  havePossession = True
  pointsDown = 3
  timeLeft = 30
  while(timeLeft > 0):
    if(havePossession):
      #如果我们落后 3 分或更多,我们就迅速拿下 2 分。如果我们落后 2 分或更少,我们先把时间耗尽
      if(pointsDown >= 3):
        timeLeft -= timeToShoot2
      else:
        timeLeft = 0
      #我们的球员是否能投中
      if(np. random. randint(0,high=100)< twoPtPercent):
        pointsDown -= 2
        havePossession = False
    else:
      #如果是这样,我们就失去了球权
      #当我们把时间耗尽时,这其实并不重要
      if(np. random. randint(0,high=100)>= offenseReboundPercent):
        havePossession = False
      else:#在我们没有球权的情况下
        if(pointsDown > 0):#犯规去拿到球权
          timeLeft -= timeToFoul
          #对方获得 2 次罚球机会
          if(np. random. randint(0,high=100)< oppFtPercent):
```

```
                pointsDown += 1
            if(np. random. randint(0,high=100)< oppFtPercent):
                pointsDown += 1
                havePossession = True
        else:
            if(np. random. randint(0,high=100)>= ftReboundPercent):
                #你能够拿到篮板
                havePossession = True
            else:
                #打成平手或领先,所以不想犯规
                #假设对方耗尽时间
                if(np. random. randint(0,high=100)< oppTwoPtPercent):
                  pointsDown += 2
                timeLeft = 0

    if(pointsDown > 0):
      return False
    else:
      if(pointsDown < 0):
        return True
      else:
        if(np. random. randint(0,high=100)< overtimePercent):
          return True
        else:
          return False
plt. figure(figsize=(14,14))
names = ['Lebron James','Kyrie Irving','Steph Curry',
    'Kyle Krover','Dirk Nowitzki']
threePercents = [35.4,46.8,44.3,49.2,38.0]
twoPercents = [53.6,49.1,52.8,47.0,48.6]
colind = 0

for i in range(5):#也可以单独运行
  x = []
  y1 = []
  y2 = []
trials = 400 # 模拟运行的试验数量
  threePtPercent = threePercents[i] #三分球命中率
  twoPtPercent = twoPercents[i] #两分球命中率
  oppTwoPtPercent = 40 #对方的两分球命中率
```

```
        oppFtPercent = 70 #对方的罚球命中率
        timeToShoot2 = 5 #多少秒后才能命中两分
        timeToFoul = 5 #多少秒后对方犯规
        offenseReboundPercent = 25 #对方的篮板率
        ftReboundPercent = 15 #对方丢掉发球后的篮板率
        overtimePercent = 50 #加时赛中的获胜机会
        winsTakingThree = 0
        lossTakingThree = 0
        winsTakingTwo = 0
        lossTakingTwo = 0
        curTrial = 1
        while curTrial < trials:
          #尝试投三分球
          if(attemptThree()):
            winsTakingThree += 1
          else:
            lossTakingThree += 1
          # 尝试投两分
          if attemptTwo() == True:
            winsTakingTwo += 1
          else:
            lossTakingTwo += 1
          x.append(curTrial)
          y1.append(winsTakingThree)
          y2.append(winsTakingTwo)
          curTrial += 1

        plt.plot(x,y1,color=colors[colind],label=names[i] + "赢得了三分球",linewidth=2)
        plt.title("5 名 NBA 球员三分球入选结果")
        plt.ylabel("投三分球获胜的次数")
        plt.xlabel("实验次数")
        plt.plot(x,y2,color=colors[20],label=names[i] + "赢得了两分球",linewidth=1.2)
        plt.title("5 名 NBA 球员三分球和两分球入选结果")
        plt.ylabel("投两分球获胜的次数")
        plt.xlabel("实验次数")
        colind += 2
    legend = plt.legend(loc='upper left',shadow=True,)
    for legobj in legend.legendHandles:
        legobj.set_linewidth(2.6)
    plt.show()
```

通过设置范围为 1 并只包括该球员的名字和统计数据，对个别球员进行了模拟。在所有的情况下，由于对方两分球命中率(70%)很高，对所有的球员来说，蒙特卡罗模拟的结果是选择三分球获胜概率较高。让我们来看单独一个或几个一起绘制的结果。图 6-8 和图 6-9 分别显示了 NBA 联盟(2015 年)的 5 名球员单独看三分球及三分和两分球一起看的结果。

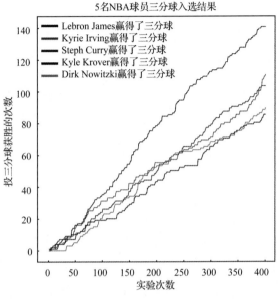

图 6-8　5 名 NBA 球员三分球入选结果

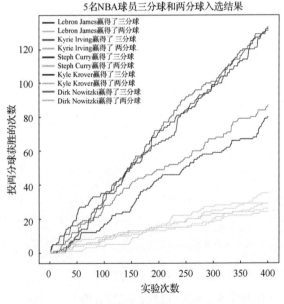

图 6-9　5 名 NBA 球员三分球和两分球入选结果

3. 波动率图

到目前为止，我们已经看到了许多有用的 Python 包，如我们已经频繁使用的 matplotlib。接下来，我们使用 pandas 库用简短几行代码快速得到财务分析图。标准差是一种衡量波动性的指标，表示在平均值附近的变化量或分散量。根据定义，离散度是实际值和平均值之间的差值。对于绘制收盘价的波动率，本示例说明了如何从给定的开始日期查看特定股票(如 000001.SZ)的表现，并使用以下代码查看波动率。其中，Tushare 提供了下载股票数据的一个 Python 平台接口，注册后可以获得对应的口令。我们用以下代码来查看波动率：

```python
import tushare as ts
import pandas as pd
#注册 Tushare 账号,可获得口令
ts.set_token('your token')
pro = ts.pro_api()

def get_data(code,start,end):
    df = pro.daily(ts_code=code,start_date=start,end_date=end)
    df = df.sort_values(by="trade_date")
    #设置把日期作为索引
    df.index = pd.to_datetime(df.trade_date)
    df = df[['open','high','low','close','vol']]
    return df
import numpy as np
df = get_data(code="000001.SZ",start="20180101",end="20220101")
print(df)
r,g,b =(31,119,180)
colornow =(r / 255.,g / 255.,b / 255.)
print(df)
def get_vol(df):
    df['volatility'] = np.log(df['close'] / df['close'].shift(1))
    return df
df = get_vol(df)
df[['close','volatility']].plot(figsize=(12,10),subplots=True,color=colornow),
xlabel="交易日期",ylabel=("收盘价/元","波动率")
```

波动率是衡量价格变化的指标，它可以有不同的峰值。图 6-10 和图 6-11 分别显示了 IBM 公司股票收盘价和波动率的走势。

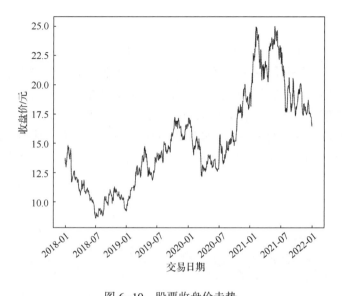

图 6-10　股票收盘价走势

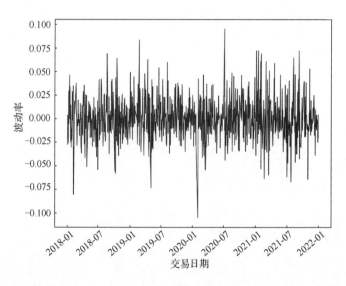

图 6-11　股票波动率走势

　　值的方差越大，说明波动率越大，结果就越不稳定。以下代码可用于绘制多只股票波动率数据，其结果如图 6-12 所示。

```
code_list = ["000001.SZ","000021.SZ","000009.SZ","000012.SZ",
"000004.SZ","000008.SZ"]
    df_list = [get_vol(get_data(code=code,start="20180101",end="20220101"))for code in
code_list]
    for i in range(len(code_list)):
        df_list[i] = df_list[i].drop(columns = ['open','high','low','close','vol'])
        df_list[i].columns = [code_list[i]]
    data = pd.concat(df_list,axis=1,join="inner").dropna()
    print(data)

import pandas as pd
import matplotlib.pyplot as plt

#将所有内容放在一张图中
#vstoxx_short.plot(figsize=(15,14))
plt.plot(data,linewidth=0.5,label=data.columns.values)
plt.legend()
plt.grid()
plt.title('SZ')
plt.ylabel("波动率")
plt.xlabel("交易日期")
plt.show()
```

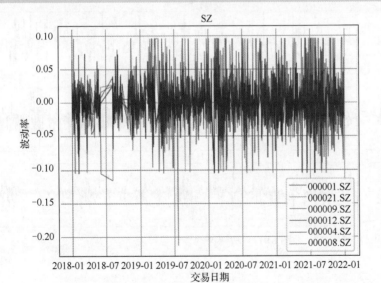

图 6-12（彩色）

图 6-12　股票波动率走势

图 6-12 显示了将多只股票的波动率画在同一图上的效果，但如果要将它们绘制在单独的子图上，可以将 subplots(子图)设置为 True：

```
#分开画图
data.plot(subplots=True,grid=True,color='b',figsize=(20,20),linewidth=2,xlabel="交易日期",ylabel="波动率")
```

图 6-13 显示了将多只股票的波动率绘制在单独的子图上的效果。

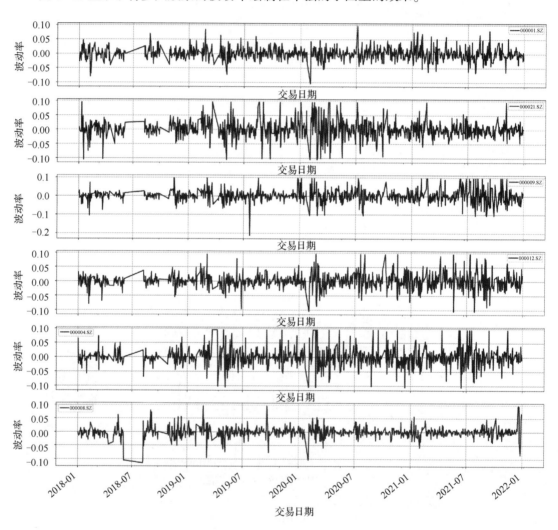

图 6-13　多只股票波动率走势

4. 隐含波动率

Black-Scholes-Merton(BSM)模型是金融市场的统计模型。通过这个模型，我们可以得到欧式期权价格的估算值。这个公式被广泛使用，许多实证经验表明 Black-Scholes(BS)价格与观察到的价格"相当接近"。Fischer Black 和 Myron Scholes 在他们 1973 年的论文"The Pricing of Options and Corporate Liabilities"中首次介绍了这个模型。该模型的主要思想是通过以正确的方式买卖标的资产来对冲期权。

6-3 隐含波动率

在 BSM 模型中，非股息支付股票的欧式看涨期权的价格 C_0 如下：

$$C_0 = S_0 N(d_1) - X\,e^{-rT} N(d_2)$$

$$d_1 = \frac{\ln\left(\dfrac{S_0}{X}\right) + \left(r + \dfrac{\sigma^2}{2}\right)T}{\sigma\,\sqrt{T}}$$

$$d_2 = \frac{\ln\left(\dfrac{S_0}{X}\right) + \left(r - \dfrac{\sigma^2}{2}\right)T}{\sigma\,\sqrt{T}}$$

其中，$N(d)$ 为正态分布，S_0 为股票初始价格，T 为行权日期，X 为行权价格，r 为无风险利率，σ 为对数收益(波动率)标准差。

对于给定的欧式看涨期权 C，隐含波动率可由前面的等式(对数回报的标准差)计算得到。关于波动率的期权定价公式的偏导数称为 Vega。这是一个指示期权价格将变动方向以及如果只有波动率提高 1% 期权价格变动的程度，如下式：

$$\text{Vega} = \frac{\partial C_0}{\partial \sigma} = S_0\,N(d_1)\,\sqrt{T}$$

波动率模型(如 BSM 模型)预测波动率，金融领域通过该模型预测未来收益的特征。此类预测还可用于风险管理和对冲、市场投机、投资组合选择和许多其他金融活动。美式看涨或看跌期权在到期日前可以随时行使权利，但对于欧式看涨或看跌期权，只能在到期日行使权利。

BSM 模型没有解析解，但可以使用牛顿法(也称为 Newton-Raphson 法)通过迭代获得近似值。涉及迭代方法时，都会由一定的阈值来确定迭代的终止条件。如下为通过迭代(牛顿法)查找值并绘制迭代过程的 Python 代码：

$$\frac{\partial C(\sigma_n)}{\partial \sigma_n} = -\left(\frac{C_{n+1} - C^*}{\sigma_{n+1} - \sigma_n}\right)$$

$$\Rightarrow \sigma_{n+1} - \sigma_n = -\left(\frac{C_{n+1} - C^*}{\dfrac{\partial C(\sigma_n)}{\partial \sigma_n}}\right)$$

$$\Rightarrow \sigma_{n+1} = \sigma_n - \left(\frac{C_{n+1} - C^*}{\text{Vega}}\right)$$

```
from math import log,sqrt,exp
from scipy import stats
import pandas as pd
import matplotlib.pyplot as plt

colors = [(31,119,180),(174,199,232),(255,128,0),
    (255,15,14),(44,160,44),(152,223,138),(214,39,40),
    (255,152,150),(148,103,189),(197,176,213),(140,86,75),
    (196,156,148),(227,119,194),(247,182,210),(127,127,127),
    (199,199,199),(188,189,34),(219,219,141),(23,190,207),
    (158,218,229)]
#归一化 RGB 数值
for i in range(len(colors)):
  r,g,b = colors[i]
  colors[i] = (r / 255.,g / 255.,b / 255.)

def black_scholes_merton(S,r,sigma,X,T):
  S = float(S)
  logsoverx = log(S / X)
  halfsigmasquare = 0.5 * sigma * * 2
  sigmasqrtT = sigma * sqrt(T)
  d1 = (logsoverx +((r + halfsigmasquare)* T))/ sigmasqrtT
  d2 = (logsoverx +((r - halfsigmasquare)* T))/ sigmasqrtT
  # 利用 stats.norm.cdf()函数来计算正态分布的累计分布函数值
  value = S * stats.norm.cdf(d1,0.0,1.0) - X * exp(-r * T)* stats.norm.cdf(d2,
0.0,1.0)
  return value

def vega(S,r,sigma,X,T):
  S = float(S)
  logsoverx = log(S / X)
  halfsigmasquare = 0.5 * sigma * * 2
  sigmasqrtT = sigma * sqrt(T)
  d1 = (logsoverx +((r + halfsigmasquare)* T))/ sigmasqrtT
```

```
  vega = S * stats.norm.cdf(d1,0.0,1.0)* sqrt(T)
  return vega

def impliedVolatility(S,r,sigma_est,X,T,Cstar,it):
  for i in range(it):
    numer =(black_scholes_merton(S,r,sigma_est,X,T)- Cstar)
    denom = vega(S,r,sigma_est,X,T)
    sigma_est -= numer / denom
  return sigma_est

import pandas as pd
futures_data = pd.read_csv("./data/futures_data.csv")
options_data = pd.read_csv("./data/options_data.csv")


options_data['IMP_VOL'] = 0.0
V0 = 17.6639 #指数的收盘值
r = 0.04 #无风险利率
sigma_est = 2
tol = 0.5 #容忍程度


for option in options_data.index:
  #遍历所有期权的报价
  futureval = futures_data[futures_data['MATURITY'] ==
             options_data.loc[option]['MATURITY']]['PRICE'].values[0]
  #挑选正确的期货价值
  if(futureval * (1 - tol)< options_data.loc[option]['STRIKE']
     < futureval * (1 + tol)):
    impliedVol = impliedVolatility(V0,r,sigma_est,
                 options_data.loc[option]['STRIKE'],
                 options_data.loc[option]['TTM'],
                 options_data.loc[option]['PRICE'],# Cn
                 it=100)# iterations
    options_data['IMP_VOL'].loc[option] = impliedVol

plot_data = options_data[options_data['IMP_VOL'] > 0]
maturities = sorted(set(options_data['MATURITY']))
plt.figure(figsize=(15,10))
i = 0
for maturity in maturities:
  data = plot_data[options_data.MATURITY == maturity]
  plot_args = {'lw':3,'markersize':9}
```

```
    plt.plot(data['STRIKE'],data['IMP_VOL'],label=maturity,
        marker='o',color=colors[i],* * plot_args)
    i += 1
plt.grid(True)
plt.xlabel('罢工率 $X$',fontsize=18)
plt.ylabel(r'$\sigma$的隐含波动率',fontsize=18)
plt.title('短期限窗口(波动性微笑)',fontsize=22)
plt.legend()
plt.show()
```

图 6-14 所示是运行上述程序，使用从 VSTOXX 官网下载的数据计算得到的针对欧洲罢工率的隐含波动率。

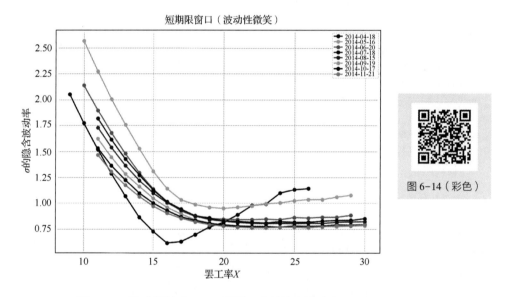

图 6-14 针对欧洲 VSTOXX 的罢工率的隐含波动率

图 6-14（彩色）

6.2.2 投资组合估值

对投资组合估值是估计其当前价值。估值通常适用于金融资产或金融负债，如股票、期权、企业或无形资产。为了理解估值并运用可视化方法，我们将挑选共同基金并绘制图形找出相关性。

假设我们对以单一货币计价的所有投资组合进行估值。我们将从国内公募基金中挑选 3 只基金，分别为 sz169101、sz169102 和 sz169103，其收盘价走势如图 6-15 所示。

图 6-15（彩色）

图 6-15　3 只基金收盘价走势

```
import akshare as ak
import pandas as pd
import datetime

def get_fund_data(code,start,end):
    df = ak.fund_etf_hist_sina(symbol=code)[['date','close']]
    df = df[df['date'] >= datetime.date.fromisoformat(start)]
    df = df[df['date'] <= datetime.date.fromisoformat(end)]
    df.index = df['date']
    df = df.drop(columns=['date'])
    df.columns = [code]
    return df

df1 = get_fund_data(code="sz169101",start="2018-01-01",end="2022-01-01")
df2 = get_fund_data(code="sz169102",start="2018-01-01",end="2022-01-01")
df3 = get_fund_data(code="sz169103",start="2018-01-01",end="2022-01-01")
data = pd.concat([df1,df2,df3],axis=1,join="inner")
print(data)
```

我们还可以在将价格转换为对数收益后得到相关系数矩阵，以缩放这些值，如以下代码所示：

```
import numpy as np

#将价格转换成对数收益
retn = data.apply(np.log).diff()
#计算相关系数矩阵
retn.corr()
#制作散点图以显示相关关系
pd.plotting.scatter_matrix(retn,figsize=(10,10))
plt.show()
#更多统计量的计算
retn.skew()
retn.kurt()
```

3 只基金的相关关系如图 6-16 所示。这是在应用 skew() 和 kurt() 前，使用 pandas 的 scatter_ matrix() 函数得到的。

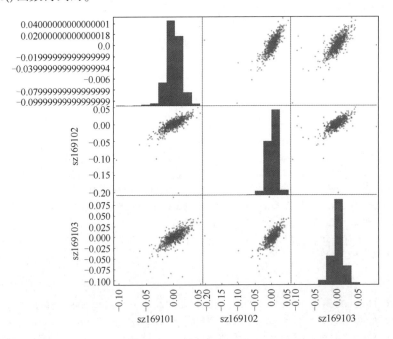

图 6-16　3 只基金收益相关关系

6.2.3 模拟模型

模型是结构和系统功能的表示。模型与它所代表的系统相似，并且更容易理解。系统的仿真是系统工作模型的仿真，该模型通常是可重新配置以允许频繁的实验。了解模型的可视化展示以及结果对研究模型很有用。在构建现有系统之前，模拟非常有用，可以减小失败的可能性以满足规范。

特定系统何时适合仿真模型？一般来说，每当需要对系统中的随机性进行建模和分析时，模拟模型都是首选工具。

6.2.4 几何布朗运动模拟

布朗运动是随机游走的一个例子，它被广泛用于模拟物理过程，如扩散和生物过程以及社会和金融过程(如股票市场的动态)。

布朗运动是一种复杂的方法，是布朗(R. Brown)于 1827 年在植物中发现的一个过程。它应用广泛，包括对图像中的噪声建模、生成分形、晶体生长和股票市场模拟等。

奥斯本(M. F. M. Osborne)研究了普通股对数价格并表明它们在统计均衡中具有整体影响。使用统计数据和随机时间的股票价格，他推导出一个分布函数，该函数与布朗运动中的粒子分布非常相似。

几何布朗运动定义

如果一个随机过程 S_t 满足以下随机微分方程，则说它遵循几何布朗运动。

$$dS_t = uS_t dt + \sigma S_t dW_t$$

$$\frac{dS_t}{S_t} = u dt + \sigma dW_t$$

将等式两边积分并应用初始条件 $S_t = S_0$，可得到上式方程的解如下：

$$S_t = S_0 \exp\left(\left(u - \frac{\sigma^2}{2}\right)t + \sigma W_t\right)$$

利用前面的推导，我们可以插入这些值：

```
import matplotlib.pyplot as plt
import numpy as np
rect = [0.1,5.0,0.1,0.1]
fig = plt.figure(figsize=(10,10))
T = 2
mu = 0.1
```

```
sigma = 0.04
S0 = 20
dt = 0.01
N = round(T/dt)
t = np.linspace(0,T,N)
W = np.random.standard_normal(size = N)
W = np.cumsum(W)* np.sqrt(dt)
X = (mu-0.5* sigma* * 2)* t + sigma* W
#布朗运动
S = S0* np.exp(X)
plt.plot(t,S,lw=2)
plt.xlabel("时间 t",fontsize=16)
plt.ylabel("S",fontsize=16)
plt.title("几何布朗运动模拟",fontsize=18)
plt.show()
```

上述代码的结果如图 6-17 所示。

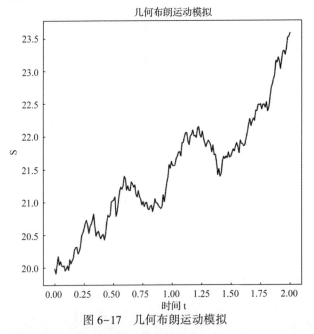

图 6-17 几何布朗运动模拟

使用布朗运动模拟的股票价格也显示在以下代码中。

```
import pylab,random
class Stock(object):
```

```
    def __init__(self,price,distribution):
        self.price = price
        self.history = [price]
        self.distribution = distribution
        self.lastChange = 0
    def setPrice(self,price):
        self.price = price
        self.history.append(price)
    def getPrice(self):
        return self.price
    def walkIt(self,marketBias,mo):
        oldPrice = self.price
        baseMove = self.distribution() + marketBias
        self.price = self.price * (1.0 + baseMove)
        if mo:
            self.price = self.price + random.gauss(.5,.5) * self.lastChange
        if self.price < 0.01:
            self.price = 0.0
        self.history.append(self.price)
        self.lastChange = oldPrice - self.price
    def plotIt(self,figNum):
        pylab.figure(figNum)
        pylab.plot(self.history)
        pylab.title('收盘价模拟-'+ str(figNum))
        pylab.xlabel('日期')
        pylab.ylabel('价格')

def testStockSimulation():
    def runSimulation(stocks,fig,mo):
        mean = 0.0
        for s in stocks:
            for d in range(numDays):
                s.walkIt(bias,mo)
            s.plotIt(fig)
            mean += s.getPrice()
        mean = mean/float(numStocks)
        pylab.axhline(mean)
    pylab.figure(figsize=(12,12))
    numStocks = 20
    numDays = 400
    stocks = []
    bias = 0.0
```

```
    mo = False
  startvalues = [100,500,200,300,100,100,100,200,200,300,300,400,500,300,100,100,
100,200,200,300]
    for i in range(numStocks):
      volatility = random.uniform(0,0.2)
      d1 = lambda:random.uniform(-volatility,volatility)
      stocks.append(Stock(startvalues[i],d1))
    runSimulation(stocks,1,mo)

testStockSimulation()
pylab.show()
```

图 6-18 显示了使用均匀分布的随机数据进行收盘价模拟的结果。图中的每条曲线代表一次模拟结果，每次模拟的初始收盘价和波动率会有不同。

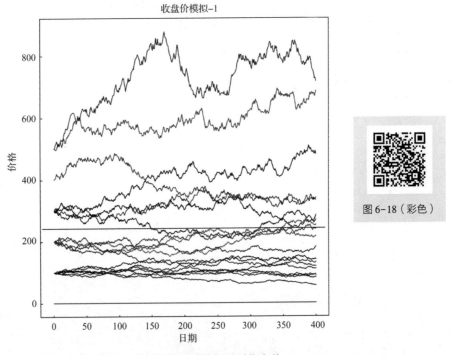

图 6-18（彩色）

图 6-18　几何布朗运动模拟股票收盘价

6.2.5　基于扩散的模拟

随机模型提供了对反应扩散过程的更详细的理解。这样的描述对于生物系统的建模通常是必要的。目前已经研究了多种模拟模型，这里考虑平方根扩散。

由考克斯（Cox）、英格索尔（Ingersoll）和罗斯（Ross）在 1985 年推广的平方根扩散模型，用于对平均回归量建模（如利率和波动性）。该过程的随机微分方程如下：

$$d\,x_t = k(\theta - x_t)\,dt + \sigma\,\sqrt{x_t}\,dW_t$$

其中，x_t 满足卡方分布，但在离散中，它们可以近似为正态分布。离散时，可以使用迭代方法应用欧拉数值逼近方法，如以下等式所示：

$$x_t^{new} = x_s^{new} + k(\theta - x_s^+)\,\Delta t + \sigma\,\sqrt{x_s^+ \Delta t}\,w_t$$
$$x_s^+ = \max(x_s, 0)\ x_t^+ = \max(x_t, 0)$$

```python
import numpy as np
import matplotlib.pyplot as plt
import numpy.random as npr
S0 = 100 #初始值
r = 0.05
sigma = 0.25
T = 2.0
x0 = 0
k = 1.8
theta = 0.24
i = 100000
M = 50
dt = T / M
def srd_euler():
  xh = np.zeros((M + 1, i))
  x1 = np.zeros_like(xh)
  xh[0] = x0
  x1[0] = x0
  for t in range(1, M + 1):
    xh[t] = (xh[t - 1] + k * (theta - np.maximum(xh[t - 1], 0)) * dt
        + sigma * np.sqrt(np.maximum(xh[t - 1], 0)) * np.sqrt(dt) * npr.standard
_normal(i))
    x1 = np.maximum(xh, 0)
    return x1
x1 = srd_euler()

plt.figure(figsize=(10, 6))
plt.hist(x1[-1], bins=30, color='#98DE2f', alpha=0.85)
plt.xlabel('数值')
plt.ylabel('频数')
plt.grid(False)
plt.figure(figsize=(12, 10))
```

```
plt.plot(x1[:,:10],lw=2.2)
plt.title("平方根扩散模型模拟")
plt.xlabel('时间',fontsize=16)
plt.ylabel('指数水平',fontsize=16)
plt.show()
```

图 6-19 为一个平方根扩散模型模拟的示例。

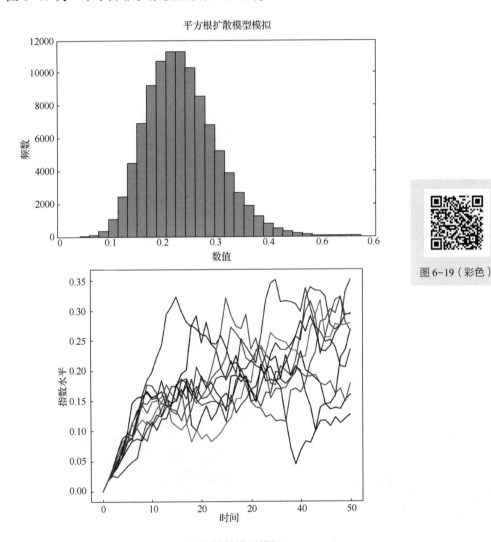

图 6-19（彩色）

图 6-19 平方根扩散模型模拟

6.3　阈值模型

阈值模型是使用某些阈值来区分值范围的模型，其中模型预测的行为以某种方式收敛。其中一个例子是谢林隔离模型（Schelling's Segregation Model，SSM），它试图分离动态建模，这是通过构建两个模拟模型在个体交互时激发的。谢林隔离模型最初由 Thomas C. Schelling（托马斯·谢林）提出。该模型是能够自组织的系统建设性模型之一。

Schelling 通过在棋盘上放置硬币并根据各种规则移动它们来进行实验。在他的实验中，他使用了一个棋盘来类比城市，棋盘中的一个格子对应一个住所。pennies 和 dimes（在视觉上不同）可以代表两组不同特征的人，如吸烟者、非吸烟者；男性、女性；高管、非高管；学生或教师。模拟规则指定当没有人从当前位置移动则终止，即代表所有人都满意。若有人不满意，他们就会搬家。

谢林隔离模型可用于模拟教室的隔离，该模型表明即使对相邻同学的偏好较弱，也可能出现隔离模式。假设我们根据他们的第一优先级将学生类型分为 3 种：运动、高学术水平和常规，分别标识为 0、1 和 2。

为了方便说明，我们假设一所高中每种类型的学生有 250 名。这些学生都住在一个单位广场上（这里可以想象成一栋教学楼建筑）。每个学生的位置只是一个点(x,y)，其中 0<x<1，0<y<1。如果某个学生的 12 个最近邻居中有一半或更多属于同一类型（根据欧几里得距离），则他很高兴。每个学生的初始位置是从一个二元均匀分布中独立抽取的，如图 6-20 所示。

```python
from random import uniform,seed
from math import sqrt
import matplotlib.pyplot as plt
num = 250 #每种类型学生的数量
numNeighbors = 12 #被视为邻居的学生的数量
requireSameType = 8 #至少有这么多邻居是同一类型的
seed(10)#用于可重复的随机数

class StudentAgent:
  def __init__(self,type):
    #不同类型的学生将以颜色显示
    self.type = type
    self.show_position()

  def show_position(self):
    #通过使用 uniform(x,y)改变位置
```

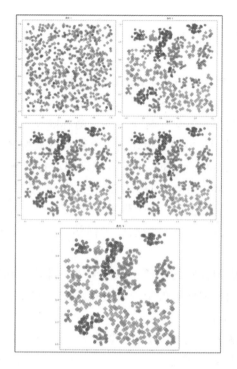

图 6-20（彩色）

图 6-20　谢林隔离模型示例

```
self.position = uniform(0,1),uniform(0,1)
def get_distance(self,other):
  #返回自己和其他学生之间的欧几里得距离
  a =(self.position[0] - other.position[0])* * 2
  b =(self.position[1] - other.position[1])* * 2
  return sqrt(a + b)

def happy(self,agents):
    #returns True if reqd number of neighbors are the same type.
  distances = []

  for agent in agents:
    if self ! = agent:
      distance = self.get_distance(agent)
      distances.append((distance,agent))
  distances.sort()
  neighbors = [agent for d,agent in distances[:numNeighbors]]
```

```
        numSameType = sum(self.type == agent.type for agent in neighbors)
        return numSameType >= requireSameType


    def update(self,agents):
        #If not happy,randomly choose new positions until happy.
        while not self.happy(agents):
        self.show_position()
def plot_distribution(agents,cycle_num):
    x1,y1 = [],[]
    x2,y2 = [],[]
    x3,y3 = [],[]

    for agent in agents:
        x,y = agent.position
        if agent.type == 0:
            x1.append(x);
            y1.append(y)
        elif agent.type == 1:
            x2.append(x);
            y2.append(y)
        else:
            x3.append(x);
            y3.append(y)

    fig,ax = plt.subplots(figsize=(10,10))
    plot_args = {'markersize':8,'alpha':0.65,'markersize':14}
    #ax.set_axis_bgcolor('#ffffff')
    ax.plot(x1,y1,'o',markerfacecolor='#1b62a5',* * plot_args)
    ax.plot(x2,y2,'o',markerfacecolor='#279321',* * plot_args)
    ax.plot(x3,y3,'D',markerfacecolor='#fd6610',* * plot_args)
    ax.set_title('Iteration {}'.format(cycle_num))
    plt.show()
    agents = [StudentAgent(0)for i in range(num)]
    agents.extend(StudentAgent(1)for i in range(num))
    agents.extend(StudentAgent(2)for i in range(num))
    count = 1
    terminate = False
while terminate == False:
    plot_distribution(agents,count)
    count += 1
```

```
no_one_moved = True
for agent in agents:
  old_position = agent.position
  agent.update(agents)
  if agent.position ! = old_position:
    no_one_moved = False
if no_one_moved:
  terminate = True
```

6.4　总结

本章讨论了典型的金融示例，并在最后探讨了机器学习相关模型，简要介绍了使用毛利分析和抵押贷款节省的确定性模型。我们还讨论了 VSTOXX 波动率指数的隐含波动率，研究了蒙特卡罗模拟。使用不同的实现方法，我们展示了使用蒙特卡罗模拟方法解决库存问题和篮球比赛情况。

此外，我们还通过股票市场示例学习了模拟模型(如几何布朗运动和基于扩散的模拟)，以及如何使用平方根扩散模型来显示趋势和波动性。

本章习题

一、选择题

1.（单选）关于阈值模型的说法中，错误的是(　　)。
   A. 阈值模型是使用某些阈值来区分值范围的模型，其中模型预测的行为以某种方式收敛
   B. 谢林隔离模型最初由 Thomas C. Schelling 提出
   C. 该模型是能够自组织的系统建设性模型之一
   D. 阈值模型预测了一组根据其可能性或概率加权的可能结果
2.（单选）关于确定性模型和随机模型，下面说法中正确的是(　　)。
   A. 确定性模型，定量输入值只有单一结果，不存在随机性
   B. 随机模型预测了一组根据其可能性或概率加权的可能结果
   C. 随机模型的定量输入值只有单一结果
   D. 蒙特卡罗模拟也被看作一种概率模拟，是一种用于理解任何预测模型中风险和不

　　　　确定性的影响的技术

　3.（多选）下面各选项正确的是（　　）。

　　A. BSM 模型用于预测波动率，金融领域通过该模型预测未来收益的特征。此类预测
　　　　还可用于风险管理和对冲、市场投机、投资组合选择和许多其他金融活动

　　B. 平方根扩散模型，用于对平均回归量建模（如利率和波动性）

　　D. 对投资组合估值通常适用于金融资产或金融负债，如股票、期权、企业或无形
　　　　资产

　　D. BSM 模型的主要思想是通过以正确的方式买卖标的资产来对冲期权

　4.（多选）关于随机模型的说法中，正确的是（　　）。

　　A. 蒙特卡罗模拟是一种以随机数集为输入的迭代评估确定性模型的方法。当模型复
　　　　杂、非线性或仅涉及多个不确定参数时，通常使用这种方法

　　B. 布朗运动是随机游走的一个例子，它被广泛用于模拟物理过程，如扩散和生物过
　　　　程以及社会和金融过程（如股票市场的动态）

　　C. 基于扩散的模拟通常用于生物系统的建模

　　D. 一般来说，每当需要对系统中的随机性进行建模和分析时，模拟模型都是首选
　　　　工具

二、程序题

　1. 利用 Tushare 下载任意 10 只中国 A 股市场的股票从 2019 年 1 月 1 日至 2021 年 6 月
30 日的日历史收盘价数据，并基于该数据进行如下操作。

　（1）绘制每只股票的收益率曲线。

　（2）基于该 10 只股票的收益率数据，建立一个等权重的投资组合，并绘制收益率曲线
图。这个投资组合的 10 年间的年化收益率是多少？

　（3）展示每只股票的波动率曲线图，并基于每只股票的波动率进行 K-means 聚类。如
果分成 2 个类，划分的结果如何？如果分成 3 个类，划分的结果如何？

　2. 利用 plotly. graph_ objects 模块中的 Figure() 函数绘制英伟达（NVIDA）公司从 2010 年
1 月 1 日至 2022 年 1 月 1 日的 OHLC 图（一种展示股票价格的图示），观察其与近年来深度
学习兴起时间点的关系。数据可以通过 from pandas_ datareader. data import get_ data_ yahoo
调用 get_ data_ yahoo() 函数获得。

第 **7** 章　图结构数据和网络模型

科学应用中往往有多个"黑箱"，通常这些黑箱内的东西很复杂。但是，它们都遵循一套系统的程式。例如，网络模型被广泛用于表示复杂的结构化数据，如蛋白质网络、分子遗传学和化学结构等。另一个有趣的研究领域是生物信息学，这是一个不断发展的领域，在研究中产生了相当大的突破。

在生物学领域，有许多不同的复杂结构，如 DNA(Deoxyribonucleic Acid，脱氧核糖核酸)序列、蛋白质结构等。为了比较，我们需要观察这些结构中的一些未知元素，而拥有一个可以直观地显示它们的模型会很有帮助。类似地，在图论或网络的各种应用中，可视化复杂的图结构在本质上都是有益的。

本章我们将讨论一些有趣的例子，如社交网络、现实生活中的有向图示例等。这里我们将使用特定的库展示网络结构，如 metaseq、NetworkX、matplotlib、Bio 和 ETE 工具包。

【本章学习目标】

(1)掌握有向图和多重图；

(2)了解图的聚集系数；

(3)掌握社交网络分析；

(4)掌握可平面图检验和有向无环图检验；

(5)了解最大流与最小割；

(6)了解遗传编程示例；

(7)了解随机块模型和随机图。

7.1　有向图和多重图

首先，我们简单介绍有向图和多重图，稍后，我们将利用 Python

7-1　有向图
和多重图

来生成有向图和多重图，并展示一个关于有向图的示例。在我们从概念上描述图和有向图之前，让我们先了解何时可以使用图和涉及有向图的不同方法。

在大学校园区域内相互连接的计算机可以被认为是一个连通图（Connected Graph），在这个连接中的每台计算机都被视为一个节点（Node）或一个顶点（Vertex），连通路径是一条边（Edge）。在某些情况下，如果只有单向连接，那么它就是有向图（Directed Graph）。例如，一个受限制的联邦网络将不允许来自外部的任何连接进入，但可能不会反过来限制从联邦网向外部流出。图 7-1 是展示各地点之间距离的简单图。

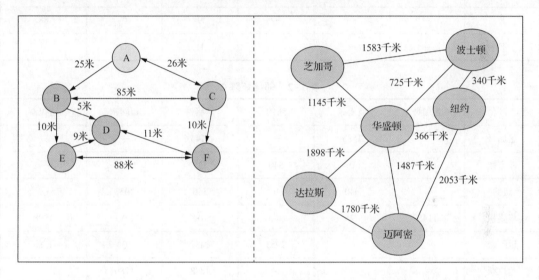

图 7-1　简单图

在前面的示例中，城市标签 A 到 F 的图是有向图，右侧的是无向图。在有向图中，如果箭头指向是双向的，则有一条双向的路，而在无向图中，总是假设边是双向的。如果我们要使用某种数据结构来表示这些图，那会是什么？此外，如果我们要绘制这些类型的图表，我们将使用哪些库以及如何完成它呢？

7.1.1　存储图数据

图数据通常表示为邻接矩阵，除非它是稀疏的。假设图有 V 个节点，那么其对应的邻接矩阵有 V 行。例如，对于图 7-1 所示的两个图，邻接矩阵类似于表 7-1 和表 7-2。

表 7-1　邻接矩阵 1

	A	B	C	D	E	F
A	0	25	26	—	—	—
B	—	0	85	5	10	—
C	26	85	0	—	—	10
D	—	—	—	0	—	11
E	—	—	—	9	0	88
F	—	—	—	11	88	0

表 7-2　邻接矩阵 2

	芝加哥	波士顿	纽约	华盛顿	迈阿密	达拉斯
芝加哥	0	1583	—	1145	—	—
波士顿	1583	0	340	725	—	—
纽约	—	340	0	366	2053	—
华盛顿	1145	725	366	0	1487	1898
迈阿密	—	—	2053	1487	0	1780
达拉斯	—	—	—	1898	1780	0

对于无向图，由于对称性，只需使用一半的存储空间就足够了（不需要存储从 A 到 B 和从 B 到 A 的所有信息）。表 7-2 中的"—"表示没有足够的距离数据。如果矩阵是稀疏的，其中大多数条目没有填充，那么我们可以将其存储为嵌套的列表。幸运的是，SciPy 中有一些方便的方法可以用来处理稀疏矩阵。以下代码仅适用于表 7-1 所示邻接矩阵：

```
import scipy.sparse as sparse
matrixA = sparse.lil_matrix((6,6))
matrixA = sparse.lil_matrix( [[0,25,26,0,0,0],[0,0,85,5,10,0],
[26,85,0,0,0,10],[0,0,0,0,0,11],[0,0,0,9,0,88],[0,0,0,11,88,0]])
print(matrixA)
(0,1)25
(0,2)26
```

```
(1,2) 85
(1,3) 5
(1,4) 10
(2,0) 26
(2,1) 85
(2,5) 10
(3,5) 11
(4,3) 9
(4,5) 88
(5,3) 11
(5,4) 88
```

7.1.2 图形展示

前面的例子只展示了如何使用 SciPy 库(特别是 scipy. sparse 包)来表示图。但是,在这一小节中,我们将看到如何展示这些图。尽管有许多 Python 包可供选择来展示图,但其中较受欢迎的 2 个选择是 igraph 和 NetworkX。

1. igraph

最初,igraph 是为 R 用户设计的,后来添加了 Python 版本。对于较小的图,我们可以很容易地添加节点和边并进行展示,但在大多数情况下,图并不小。因此,igraph 提供了方便地从文件中读取图形数据并显示出来的函数。

目前,igraph 提供了多种格式,如 DIMACS、DL、EdgeList、GraphML、GraphDb、GML、LGL、NCOL 和 Pajek。其中,GraphML 是一种基于 XML(eXtensible Markup Language,可扩展标记语言)的文件格式,可用于大图,而 NCOL 格式适用于带有加权边列表的大图。LGL 格式也可用于带有加权边的大型图布局。大多数人使用简单的文本格式。需要注意的是,igraph 仅完全支持 DL 文件格式,对于其他文件格式,igraph 仅支持部分。

与许多其他 Python 包类似,igraph 的优点在于它提供了非常方便的方式来配置和展示图并将它们以 SVG(Scalable Vector Graphics,可缩放图形阵列)格式存储,以便它们可以嵌入 HTML 文件。

下面介绍涉及 Pajek 格式的例子。除示例中使用的参数外,它还有很多其他参数,详细内容可在其官网进行查看。其中一些是有关节点形状的,如 labelcolor(标签颜色)、vertexsize(节点大小)、radius(半径)。这里展示了两个示例。第一个示例为较小的图分配标签和边,而第二个示例从文件中读取图的数据并显示它。以下示例显示了使用 igraph 包的标记图：

```
from igraph import *
vertices = ["A","B","C","D","E","F","G","H","I","J"]
edges = [(0,1),(1,2),(2,3),(3,4),(4,5),(5,6),(6,7),(7,1),
(1,8),(8,2),(2,4),(4,9),(9,5),(5,7),(7,0)]
graphStyle = { 'vertex_size':20}
g = Graph(vertex_attrs={"label":vertices},edges=edges,
directed=True)
g.write_svg("simple_star.svg",width=500,height=300,* * graphStyle)
```

星形图中有 10 个节点，形成 5 个三角形和 1 个五边形。此外，有 15 条边，因为 5 个三角形构成了边集。这是一个非常简单的图，其中每条边由从 0 开始的相关节点数定义。图7-2所示为前面 Python 代码示例的结果。

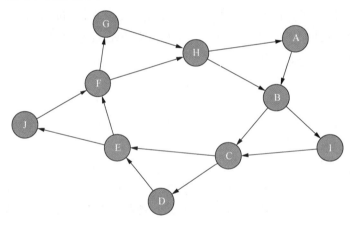

图 7-2　使用 igraph 绘制星形图

第二个示例不仅说明了如何从文件中读取图形数据，还说明了如何将绘制的图保存为 SVG 格式，以便将 SVG 数据嵌入 HTML 格式的网页。

```
from igraph import read

g = read("./data/ragusa.net",format="pajek")
g.vs["color"] = "#3d679d"
g.es["color"] = "red"
graphStyle = {'vertex_size':12,'margin':6}
# graphStyle["layout"]=g.layout("fr") # optional
g.write_svg("ragusa_graph.svg",width=600,height=600,* * graphStyle)
```

使用 igraph 中的 read() 函数读取 Pajek 格式文件。设置边和节点颜色后，即可生成 SVG 格式的图形。图 7-3 所示为使用 igraph 包通过从文件中读取图形数据创建的图。

图 7-3　使用 igraph 绘制的无向图

Pajek 格式的图形数据是从 Pajek 网站提供的名为 Rgausa16. net 的文件中获得的。下载数据文件后，我们可以以类似的方式作出无向图，如图 7-3 所示。如果我们使用 tinamatr. net 数据并设置圆形布局，那么图形会以圆形布局出现，代码如下：

```
graphStyle["layout"]=g.layout("circle")
```

2. NetworkX

这个 Python 包被称为 NetworkX 的原因之一是它是一个用于网络和图形分析的库。从找到源节点到目的节点的最短路径，找到度分布以绘制与交汇点相似的节点，以及找到图的聚集系数，NetworkX 提供了多种方法。

业界对于图的研究已经开展了一段时间，并且图适用于神经生物学、化学、社交网络分析、页面排名以及更多这样有趣的领域。在加入相似的附属成员的意义上，社交网络是具有协调性的，而生物网络不具有协调性，换句话说，社交网络用户或院士(共同作者)之间的关系可以通过图表轻松地可视化。Python 包为用户提供了许多选择。通常，用户会选择其中的几个并结合它们各自的最佳功能以满足使用需求。

NetworkX 提供图形构建和分析功能。我们可以读取和写入标准和非标准数据格式的网络数据、生成图网络、分析其结构并构建多个模型。以下 Python 代码显示了如何使用 Net-workX 创建有向图：

```
import matplotlib.pyplot as plt
import pylab
from pylab import rcParams
import networkx as nx
import numpy as np

#设置图形显示尺寸为10英寸×10英寸(1英寸≈2.54厘米)
rcParams['figure.figsize'] = 10,10
G = nx.DiGraph()
#添加边和权重
G.add_edges_from([('K','I'),('R','T'),('V','T')],weight=3)
G.add_edges_from([('T','K'),('T','H'),('I','T'),('T','H')],weight=4)
G.add_edges_from([('I','R'),('H','N')],weight=5)
G.add_edges_from([('R','N')],weight=6)
#用这些值来决定节点的颜色
val_map = {'K':1.5,'I':0.9,'R':0.6,'T':0.2}
values = [val_map.get(node,1.0)for node in G.nodes()]
edge_labels = dict([((u,v,),d['weight'])
        for u,v,d in G.edges(data=True)])
#设置边的颜色
red_edges = [('R','T'),('T','K')]
edge_colors = ['green'if not edge in red_edges else 'red'for edge in
    G.edges()]
pos = nx.spring_layout(G)
nx.draw_networkx_edges(G,pos,width=2.0,alpha=0.65)
nx.draw_networkx_edge_labels(G,pos,edge_labels=edge_labels)
nx.draw(G,pos,node_color=values,node_size=1500,
    edge_color=edge_colors,edge_cmap=plt.cm.Reds)
pylab.show()
```

图7-4展示了使用NetworkX配置边权重并保持美观的图。NetworkX在显示有向图时，是在边末尾显示粗条，而不是使用箭头符号。

当科学研究涉及代表事物或人的元素集合时，这些元素集合之间的关联可以以图的形式更好地表示，元素集合表示为节点。在大多数情况下，视觉上的中心位置标识重要的节点。Python 包(如 NetworkX)具有许多用于图形分析的有用函数，包括在图形中查找团(Clique)。对于较小的图，更容易直观地检查复杂的细节，但对于较大的图，人们会想要识别一种行为模式，如孤立的集群组。

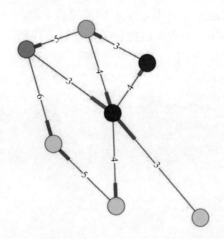

图 7-4　使用 NetworkX 配置边权重的有向图

　　通常，节点和边的标签取决于我们试图显示为图形的内容。例如，蛋白质相互作用可以显示为图。一个更复杂的例子是序列空间图（Sequence Space Graph），其中一个图节点代表一个蛋白质序列，而一条边代表一个 DNA 突变。科学家们可以更轻松地放大这些图以查看各节点之间的连接情况，如图 7-5 所示。本示例使用交互式编程以缩放和查看复杂的细节。

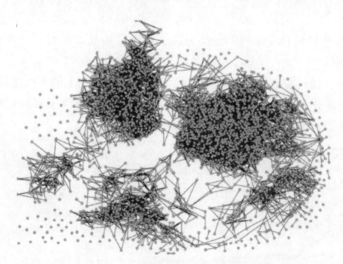

图 7-5　蛋白质相互作用序列空间图

有时，我们可能希望在地图上突出显示不同的路线。例如，如果需要在路线图上显示自行车队今年将要遵循的路线，我们可以执行类似于以下代码的操作：

```
import networkx as nx
from pylab import rcParams
#设置图形显示尺寸为10英寸×10英寸
rcParams['figure.figsize'] = 10,10
def genRouteEdges(r):
  return [(r[n],r[n + 1]) for n in range(len(r) - 1)]
G = nx.Graph(name="python")
graph_routes = [[11,3,4,1,2],[5,6,3,0,1],[2,0,1,3,11,5]]
edges = []
for r in graph_routes:
  route_edges = genRouteEdges(r)
  G.add_nodes_from(r)
  G.add_edges_from(route_edges)
  edges.append(route_edges)
print("Graph has % d nodes with % d edges" % (G.number_of_nodes(),
                      G.number_of_edges()))
pos = nx.spring_layout(G)
nx.draw_networkx_nodes(G,pos=pos)
nx.draw_networkx_labels(G,pos=pos)
colors = ['#00bb00','#4e86cc','y']
linewidths = [22,14,10]
for ctr,edgelist in enumerate(edges):
  nx.draw_networkx_edges(G,pos=pos,edgelist=edgelist,edge_color=colors[ctr],
width=linewidths[ctr])
```

使用 NetworkX 中针对特定路线的便捷方法，可以轻松显示具有不同颜色和线条宽度的路线，如图 7-6 所示。

如图 7-6 所示，通过控制路线的显示，我们可以识别地图上的不同路线。

此外，从基于度分布的最短路径到聚集系数，NetworkX 提供了多种实现图形分析的方法。以下代码显示了一种查看最短路径的简单方法：

```
import networkx as nx
g = nx.Graph()
g.add_edge('m','i',weight=0.1)
g.add_edge('i','a',weight=1.5)
g.add_edge('m','a',weight=1.0)
g.add_edge('a','e',weight=0.75)
g.add_edge('e','h',weight=1.5)
g.add_edge('a','h',weight=2.2)
print(nx.shortest_path(g,'i','h'))
nx.draw(g)
```

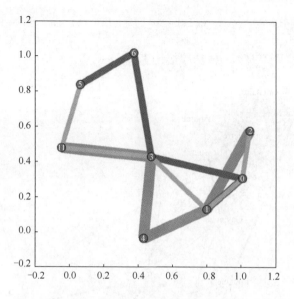

图 7-6　使用 NetworkX 控制路线显示

输出最短路径作为结果：

```
['i','a','h']
```

另一个使用 NetworkX 的例子（特别是读取 GML 格式的数据）是有关《悲惨世界》中人物的共同出场情况，我们从 Gephi 官网上可以下载到相关数据集。图 7-7 所示为程序从《悲惨世界》中读取人物关联并创建网络图的结果。

代码如下：

```
import networkx as nx
from pylab import rcParams

rcParams['figure.figsize'] = 12,12
G = nx.read_gml('./data/lesmiserables.gml')
G8 = G.copy()
dn = nx.degree(G8)
for n in list(G8.nodes()):
  if dn[n] <= 8:
    G8.remove_node(n)
pos = nx.spring_layout(G8)
```

```
nx.draw(G8,node_size=10,edge_color='b',alpha=0.45,font_size=9,
    pos=pos)
labels = nx.draw_networkx_labels(G8,pos=pos)
```

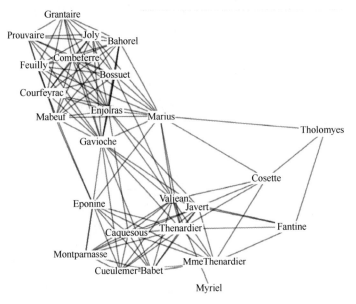

图 7-7 《悲惨世界》人物出场情况

7.2 图的聚集系数

图中节点的聚集系数取决于它同邻居的接近程度，距离越近，越会形成一个团（或小的完全图），如图 7-8 所示。

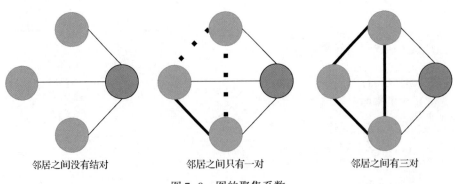

邻居之间没有结对   邻居之间只有一对   邻居之间有三对

图 7-8 图的聚集系数

为了计算聚集系数，我们可以考虑跟踪每个节点的链接并计算每个节点的聚集索引 C_i，一个节点的邻居也就是距离该节点仅一个链接的节点。聚集索引 C_i 计算公式如下所示：

$$C_i = \frac{2 \times \text{指向节点 } i \text{ 的边的数量}}{n_b(n_b - 1)}$$

其中 n_b 是节点 i 的邻居节点数。例如，以下代码展示了《悲惨世界》中的人物关系，以及每个人物如何与其他人物关联或连接：

```
import networkx as nx
from pylab import rcParams

rcParams['figure.figsize'] = 12,12
G = nx.read_gml('./data/lesmiserables.gml')
G8 = G.copy()
dn = nx.degree(G8)
for n in list(G8.nodes()):
  if dn[n] <= 8:
    G8.remove_node(n)
pos = nx.spring_layout(G8)
nx.draw(G8,node_size=10,edge_color='b',alpha=0.45,font_size=9,
    pos=pos)
labels = nx.draw_networkx_labels(G8,pos=pos)

def valuegetter(* values):
  if len(values) == 1:
    item = values[0]

    def g(obj):
      return obj[item]
  else:
    def g(obj):
      return tuple(obj[item] for item in values)
  return g

def clustering_coefficient(G,vertex):
  neighbors = G[vertex].keys()
  if len(neighbors) == 1:return -1.0
  links = 0
```

```
  for node in neighbors:
    for u in neighbors:
      if u in G[node]:links += 1
  ccoeff = 2.0 * links /(len(neighbors)* (len(neighbors)-1))
  return links,len(neighbors),ccoeff

def calculate_centrality(G):
  degc = nx.degree_centrality(G)
  nx.set_node_attributes(G,degc,'degree_cent')
  degc_sorted = sorted(degc.items(),key=valuegetter(1),
          reverse=True)
  for key,value in degc_sorted[0:10]:
    print("Degree Centrality:",key,value)
  return G,degc

print("Valjean",clustering_coefficient(G8,"Valjean"))
print("Marius",clustering_coefficient(G8,"Marius"))
print("Gavioche",clustering_coefficient(G8,"Gavioche"))
print("Babet",clustering_coefficient(G8,"Babet"))
print("Eponine",clustering_coefficient(G8,"Eponine"))
print("Courfeyrac",clustering_coefficient(G8,"Courfeyrac"))
print("Combeferre",clustering_coefficient(G8,"Combeferre"))
calculate_centrality(G8)
```

上述代码有两部分结果：第一部分是输出的文本，而第二部分是绘制的网络图，分别如下面的代码和图 7-9 所示。

```
#输出的文本结果
Valjean(82,14,0.9010989010989011)
Marius(94,14,1.032967032967033)
Gavioche(142,17,1.0441176470588236)
Babet(60,9,1.6666666666666667)
Eponine(36,9,1.0)
Courfeyrac(106,12,1.606060606060606)
Combeferre(102,11,1.8545454545454545)
Degree Centrality:Gavioche 0.708333333333
Degree Centrality:Valjean 0.583333333333
Degree Centrality:Enjolras 0.583333333333
```

Degree Centrality:Marius 0.583333333333
Degree Centrality:Courfeyrac 0.5
Degree Centrality:Bossuet 0.5
Degree Centrality:Thenardier 0.5
Degree Centrality:Joly 0.458333333333
Degree Centrality:Javert 0.458333333333
Degree Centrality:Feuilly 0.458333333333

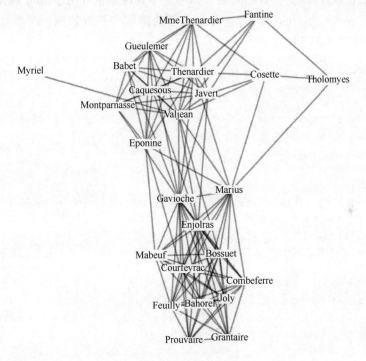

图 7-9　《悲惨世界》人物关系

　　显然，到目前为止，我们发现 Combeferre 恰好具有最大的聚集系数(由于对称性，聚集系数需要除以 2，即 1.854/2 = 0.927)。通常，当我们用二维的方式绘制大图时，聚集系数是很难被直观展示的。

7.3　社交网络分析

　　几年前，从社交网络访问数据较现在更加简单和容易。如今，大多数 API(Application

Program Interface，应用程序接口)都有限制。此外，访问流程也涉及更多步骤。首先，必须获得身份验证(以前也如此)，然后通过朋友帮助或获取确认链接的方法。这里我们只选择了Twitter 来演示对社交网络数据的分析，但我们也可以通过类似的方式找到其他社交媒体数据。

为了访问 Twitter 数据，我们必须获取身份验证密钥才能访问其 API。有 4 个密钥：CONSUMER_ KEY、CONSUMER_ SECRET、ACCESS_ TOKEN_ KEYS 和 ACCESS_ TOKEN_SECRET。一旦通过 Python 成功验证了这些凭据，我们就可以调用 GetFriends () 和 GetFollowers()来获取好友/关注者的列表。Python 中有许多包可用于访问 Twitter 数据。在这里，我们将使用 python-twitter，因为它具有方便的模块来获取数据、汇总数据并将其存储在 cPickle 中，然后将其可视化。代码如下。

```
import cPickle
import os
#使用方法
# $设置 CONSUMER_KEY,CONSUMER_SECRET,ACCESS_TOKEN_KEYS,ACCESS_TOKEN_SECRET
#作为环境变量
# $python get_data.py # downloads friend and follower data to ./data
#在运行时看到的错误
# raise URLError(err)
# urllib2.URLError:<urlopen error [Errno 104] Connection reset by peer>
DATA_DIR = "data" # 好友/关注者数据的存储目录
#我们要分析的网名列表
screen_names = [ 'KirthiRaman','Lebron']

def get_filenames(screen_name):
"""Build the friends and followers filenames"""
return os.path.join(DATA_DIR,"% s.friends.pickle" % (screen_name)),os.path.join
(DATA_DIR,"% s.followers.pickle" % (screen_name))

if __name__ == "__main__":
# 登录账户
t = twitter.Api(consumer_key='k7atkBNgoGrioMS...',
consumer_secret='eBOx1ikHMkFc...',
access_token_key='8959…',
access_token_secret='O7it0…');
print t.VerifyCredentials()
for screen_name in screen_names:
fr_filename,fo_filename = get_filenames(screen_name)
print "Checking for:",fr_filename,fo_filename
if not os.path.exists(fr_filename):
```

```
print "Getting friends for",screen_name
fr = t.GetFriends(screen_name=screen_name)
cPickle.dump(fr,open(fr_filename,"w"),protocol=2)
if not os.path.exists(fo_filename):
print "Getting followers for",screen_name
fo = t.GetFollowers(screen_name=screen_name)
cPickle.dump(fo,open(fo_filename,"w"),protocol=2)
```

好友/关注者信息被转储在 cPickle 中，并通过运行以下代码进行实现：

```
python get_data.py
python summarise_data.py
python draw_network.py
```

其运行结果如图 7-10 所示。

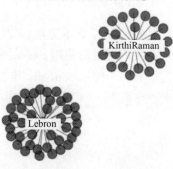

图 7-10　Twitter 网络中好友/关注者信息

7.4　可平面图的检验

可平面图也就是可以在没有任何相交的边的平面上绘制的图。绘制时必须从一个节点开始，从一条边绘制到另一条边，并在继续绘制时跟踪这些连接过程。根据库拉托夫斯基（Kuratowski）的说法，如果一个图不包含任何一个能够作为 5 个节点上完全图的一部分的子图，则它是可平面图。

图 7-11 所示为一个简单的可平面图。

欧拉公式连接了许多节点、边和面。根据欧拉公式，如果在没有任何相交边的平面上

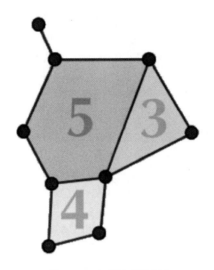

图 7-11　可平面图示例

绘制一个有限连通的平面图，v 表示节点数，e 表示边数，f 表示面数，则 $v - e + f = 2$。

　　除了 Mayavi 和 NetworkX 之外，我们还可以使用 gamera 包来创建和显示图。但是，gamera 仅在 Windows 上可用。我们这里有一个使用 planarity 和 NetworkX 的简单示例：

```
import planarity
import networkx as nx
#8 个节点的完整图,G8
G8 = nx. complete_graph(8)
# G8 不是可平面图
print(planarity. is_planar(G8))
#将显示错误，因为 G8 不是可平面图
K=planarity. kuratowski_subgraph(G8)
#将显示边
print(K.edges())
#将显示图
nx. draw(G8)
False
[(0,4),(0,5),(0,7),(2,4),(2,5),(2,7),(3,5),(3,6),(3,
7),(4,6)]
```

此示例说明图 7-12 中包含 8 个节点的完全图不是可平面图。

图 7-12 显示的只有 8 个节点的图看起来很乱，因此节点越多的图看起来会越复杂。

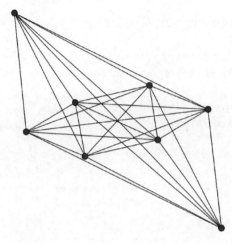

图 7-12　完全图

7.5　有向无环图的检验

7-2　有向无环
图的检验

我们先来看看什么是有向无环图(Directed Acyclic Graph，DAG)。
有向无环图是有向图，这意味着从给定节点 A 到节点 B 的边将指向特
定方向(A→B 或 B→A)并且是无环的。无环图是那些没有循环的图。

有哪些是有向无环图的例子？一棵树或者一棵字典树(Trie)。我们已在本书的第 4 章中
讨论过字典树。使用字典树(Trie)的一个很好的例子是存储字典中的单词并配合拼写检查
算法。我们不会对此进行进一步的详细介绍，但是在可视化的情境下，为检查一个图是否
是非循环的，我们将介绍那些能够帮助测试图是否是非循环的 Python 包。

以下是一个非循环图的示例。NetworkX 有一个方便的函数，称为 is_ directed_ acyclic_
graph(Graph)，使用这个函数，我们将测试它是否返回 True：

```
import matplotlib.pyplot as plt
import pylab
from pylab import rcParams
import networkx as nx
import numpy as np
#设置图形显示尺寸为10 英寸×10 英寸
rcParams['figure.figsize'] = 10,10
G = nx.DiGraph()
#添加边和权重
G.add_edges_from([('K','I'),('K','R'),('V','T')],weight=3)
```

```
G.add_edges_from([('T','K'),('T','H'),('T','H')],weight=4)
#用这些值来决定节点的颜色
val_map = {'K':1.5,'I':0.9,'R':0.6,'T':0.2}
values = [val_map.get(node,1.0)for node in G.nodes()]

edge_labels=dict([((u,v,),d['weight'])
for u,v,d in G.edges(data=True)])

#设置边颜色
red_edges = [('R','T'),('T','K')]
edge_colors = ['green'if not edge in red_edges else 'red'for edge in
G.edges()]
pos=nx.spring_layout(G)

nx.draw_networkx_edges(G,pos,width=2.0,alpha=0.65)
nx.draw_networkx_edge_labels(G,pos,edge_labels=edge_labels)
nx.draw(G,pos,node_color = values,node_size=1500,
edge_color=edge_colors,edge_cmap=plt.cm.Reds)

pylab.show()
nx.is_directed_acyclic_graph(G)
True
```

此示例中的有向无环图如图 7-13 所示。

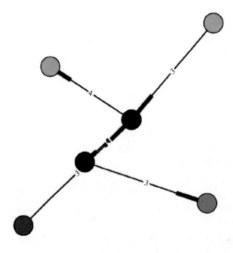

图 7-13　有向无环图

7.6　最大流

正如我们可以将街道地图建模为有向图以便找到从一个地方到另一个地方的最短路径一样，我们可以将有向图解释为"流向图"。流动网络的一些示例是流经管道的液体、流经电网的电流以及通过通信网络传输的数据。流向图是从源到目的地的有向图，其容量沿每条边分配，最大流则指该流网络的最大流量。图 7-14 所示为一个流向图示例。

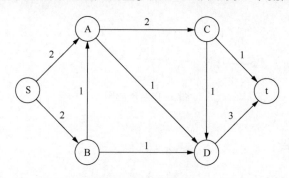

图 7-14　流向图示例

图 7-14 所示的边应当有容量，表明该边最多可以支持多少流量。如果该容量不存在，则假定它具有无限容量。以下代码中的 G 的最大流为 4。

在 NetworkX 包中，$maximum\_flow\_value(Graph, from, to)$ 函数能够计算一个图的最大流，代码如下：

```
import networkx as nx
G = nx.DiGraph()
G.add_edge('p','y',capacity=5.0)
G.add_edge('p','s',capacity=4.0)
G.add_edge('y','t',capacity=3.0)
G.add_edge('s','h',capacity=5.0)
G.add_edge('s','o',capacity=4.0)
flow_value = nx.maximum_flow_value(G,'p','o')
print("Flow value",flow_value)
nx.draw(G,node_color='#a0cbe2')
Flow value 4.0
```

上述代码中的图用于测试 maximum_flow_value() 的效果，如图 7-15 所示。

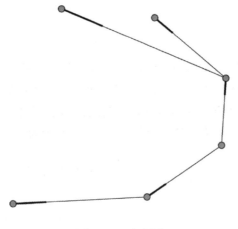

图 7-15　流向图

7.7　随机块模型

在前面的章节中，我们已经讨论了使用蒙特卡罗模拟的随机模型。到目前为止，我们一直在讨论图和网络，因此单纯地从情景上来说，社区结构也可以被视为图。在这样的图中，节点通常作为密集连接的子图聚集在一起。一般来说，两个这样的节点之间存在边的概率是该节点所属的集群的函数。

这种网络内部分区的一个选择是随机块模型。随机块模型的一个简单定义可以以标量 n 为特征。这表示组的数量或集群的数量，以及显示节点及其连接的矩阵。更严谨的数学定义可以参考统计学书籍。

在少数支持随机块模型的 Python 包中，PyMC 是一个提供马尔可夫链蒙特卡罗（Markov Chain Monte Carlo，MCMC）和 3 个概率模型构建块（如随机性、确定性和势）的包。除了 PyMC，还有另一个有趣的包 StochPy，可用于随机建模。StochPy 中的 SSA 模块提供了特别方便的方法。以下示例使用具有正态分布的 PyMC 来显示复合图（见图 7-16），代码如下：

```
import pymc as mc
from pylab import rcParams
#设置图形显示尺寸为12英寸×12英寸
rcParams['figure.figsize'] = 12,12
z = -1.
```

```
X = mc.Normal("x",0,1,value = -3.)
# 可以在这里用未知数来代替1、0.4
@ mc.potential
def Y(x=X,z=z):
return mc.lognormal_like(z-x,1,0.4,)

mcmc = mc.MCMC([X])
mcmc.sample(10000,500)
mc.Matplot.plot(mcmc)
```

这展示了如何用很少的代码行显示复杂模型。

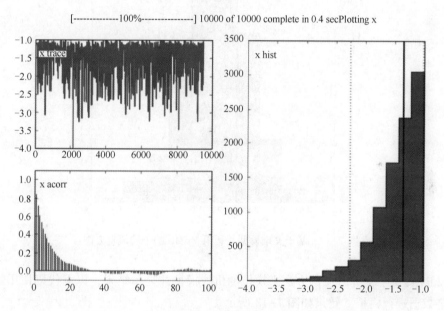

图 7-16　使用具有正态分布的 PyMC 来显示复合图

　　PyMC 中有灾难模型的示例，经过 MCMC 和 50000 次简单迭代后，其结果如图 7-17 所示。

```
from pymc.examples import disaster_model
from pymc import MCMC

from pylab import hist,show,rcParams

rcParams['figure.figsize'] = 10,10
```

```
M = MCMC(disaster_model)
M.sample(iter=65536,burn=8000,thin=16)

hist(M.trace('late_mean')[:],color='#b02a2a')
show()
```

我们要显示模型的平均值直方图，这是使用 PyMC 的一种可选方式。

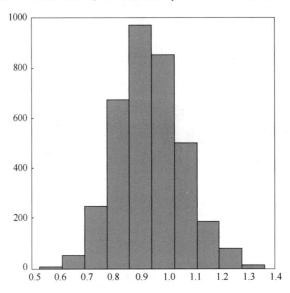

图 7-17　基于灾难模型并利用 MCMC 的平均值直方图

StochPy 提供了几种方便的方法来模拟随机块模型并显示结果，以下代码使用随机时间序列轨迹数据进行模拟，效果如图 7-18 所示。

```
import stochpy as stp
smod = stp.SSA()

from pylab import rcParams
#设置图形显示尺寸为 12 英寸×12 英寸
rcParams['figure.figsize'] = 12,12

smod.Model('模拟平均时间序列图(样本轨道数为 2000)')
smod.DoStochSim(end=35,mode='时间',trajectories=2000)
smod.GetRegularGrid()
smod.PlotAverageSpeciesTimeSeries(xlabel="时间",ylabel="拷贝数")
```

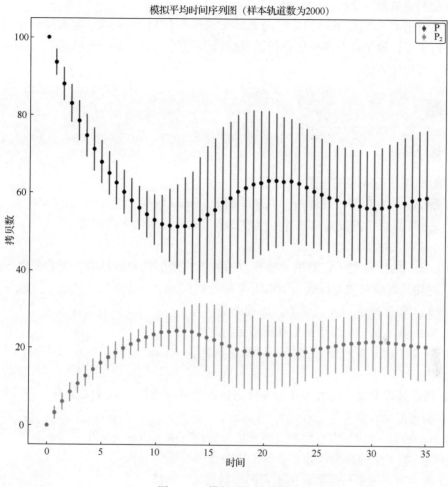

图 7-18　模拟随机块模型

7.8　总结

　　本章展示了网络和生物信息学相关的示例，并介绍了能够绘制所需结果的 Python 包的选择。我们简要介绍了图和多重图，并使用稀疏矩阵来说明如何使用几个不同的包来存储和显示图，如 NetworkX 和 igraph。

　　在图的聚集系数和中心性部分我们演示了如何计算聚集系数，以了解节点在图中的重要性。我们还使用 python-twitter 包和 NetworkX 库，通过 Twitter 好友/关注者的插图直观地了解到社交网络数据的分析。

我们也讨论了可平面图检验、有向无环图检验和使用 NetworkX 包求图的最大流。此外，我们讨论了可模拟具有多种选择的随机块模型的包，如 PyMC 或 StochPy。第 8 章将介绍一些高级可视化方法。

本章习题

一、选择题

1.（单选）关于 igraph 的说法，错误的是（　　）。

　　A. igraph 是为 R 用户设计的，后来添加了 Python 版本

　　B. igraph 提供了方便地从文件中读取图形数据并显示出来的函数

　　C. igraph 支持所有文件格式

　　D. igraph 的优点在于它提供了非常方便的方式来配置和展示图并将它们以 SVG 格式存储，以便它们可以嵌入 HTML 文件

2.（单选）关于 NetworkX 的说法，正确的是（　　）。

　　A. NetworkX 是一个用于网络和图形分析的库

　　B. 从基于度分布的最短路径，到聚集系数，NetworkX 提供了多种实现图形分析的方法

　　C. 可以读取和写入标准和非标准数据格式的网络数据、生成图网络、分析其结构并构建多个模型

　　D. NetworkX 包含与中心性相关的算法，PageRank、closeness 等

3.（单选）关于图的聚集系数，下列说法中错误的是（　　）。

　　A. 图中节点的聚集系数取决于它同邻居的接近程度

　　B. 当我们用二维的方式绘制大图时，可以直观展示聚集系数

　　C. 为了计算聚集系数，我们可以考虑跟踪每个节点的链接并计算每个节点的聚集索引，一个节点的邻居也就是距离该节点仅一个链接的节点

　　D. 聚集索引是由指向节点 i 的边的数量和节点 i 的邻居节点数计算得出的

4.（多选）下面可用于展示有向图和多重图的 Python 包是（　　）。

　　A. NetworkX　　　　　　　B. igraph

　　C. scipy. sparse　　　　　　D. PyMC

5.（多选）下面关于随机块模型的说法正确的是（　　）。

　　A. 随机块模型可以以标量 n 为特征

B. 随机块模型是表示组的数量或集群的数量，以及显示节点及其连接的矩阵

C. 网络内部分区的一个选择是随机块模型

D. 以上答案都正确

二、简答题

1. 简述可平面图和有向无环图的定义。

2. 简述最大流的含义。

三、程序题

1. 根据如下邻接矩阵创建稀疏矩阵，并分别利用 NetworkX、igraph 包进行可视化。

$$\begin{bmatrix} 0 & 12 & 0 & 0 & 34 & 0 \\ 12 & 0 & 7 & 0 & 13 & 0 \\ 0 & 7 & 0 & 40 & 0 & 0 \\ 0 & 0 & 40 & 0 & 5 & 17 \\ 34 & 13 & 0 & 5 & 0 & 0 \\ 0 & 0 & 0 & 17 & 0 & 0 \end{bmatrix}$$

2. 请编写图的聚集系数函数，并计算程序题 1 中所得图的聚集系数。

3. 验证程序题 1 中所得的图是否为可平面图。

4. 试构造出带有 5 个节点的有向无环图和有向有环图，并通过程序检验。

5. 构造出如下邻接矩阵对应的图（节点编号对应为：source、2、3、4、5、6、7、sink），求出其最大流，并可视化流向。

$$\begin{bmatrix} 0 & 10 & 5 & 15 & 0 & 0 & 0 & 0 \\ 0 & 0 & 4 & 0 & 9 & 15 & 0 & 0 \\ 0 & 0 & 0 & 4 & 0 & 8 & 0 & 0 \\ 0 & 0 & 0 & 0 & 0 & 0 & 30 & 0 \\ 0 & 0 & 0 & 0 & 0 & 15 & 0 & 10 \\ 0 & 0 & 0 & 0 & 0 & 0 & 15 & 10 \\ 0 & 0 & 6 & 0 & 0 & 0 & 0 & 10 \\ 0 & 0 & 0 & 0 & 0 & 0 & 0 & 0 \end{bmatrix}$$

6. 已知 $\mu \sim U(0,1)$，$X \sim N(\mu,2)$，若观测到 $X = 1.2$，求 μ 的后验分布概率密度，利用 MCMC 方法画出抽样直方图。

第 8 章　高级可视化

可视化方法已经从传统条形图和饼图逐渐转变为当前更具创造性的形式。设计可视化并不像从特定工具提供的众多选择中选择一个那么简单。正确的可视化可以传达正确的信息，错误的可视化可能会扭曲、混淆信息，甚至传达错误的信息。

计算机和其存储设备不仅能够通过特定的数据结构存储大量数据，而且还可以通过算法提高计算能力。根据 D3.js 的创建者和领先的可视化专家迈克尔·博斯托克（Michael Bostock）的说法，我们应该将算法可视化，而不仅仅是输入数据。算法是各种过程或计算模型背后的核心引擎。因此，该准则已成为可视化的重点。

近几年，可视化算法被越来越多的研究和行业机构所认可，其中，探索这一概念的一个有趣的地方是 VisuAlgo，这里有一些高级算法来进行数据结构相关的展示。

前面章节中我们讨论了许多不同的领域，包括数值计算、金融模型、统计学和机器学习以及网络模型。本章我们将讨论一些关于可视化的新创意以及一些模拟和信号处理示例。

【本章学习目标】

（1）使用 HTML5 的一些有趣的可视化方法；

（2）创建仪表板（Dashboard）的工具。

8.1　文本数据可视化

8-1　文本数据
可视化

8.1.1　利用 TextBlob 构造朴素贝叶斯分类器

TextBlob 是一个有趣的库，其中包含一系列用于文本处理的工具，并带有用于自然语言处理（Natural Language Processing，NLP）任务（如分类、名词短语提取、词性标记和情感分析）的 API。同时 TextBlob 库可以帮助构造朴素贝叶斯分类器。使用 TextBlob 前需要一些语料库。因此，在尝试使用这个有趣的库之前，需要完成以下操作。

（1）安装 TextBlob（通过 conda 或 pip 命令）；

（2）下载语料库。

使用 binstar search -t conda textblob，Anaconda 用户可以找到安装它的位置。我们可以使用如下语句下载语料库。

```
$python-m textblob.download_corpora
[nltk_data] Downloading package brown to
[nltk_data] /Users/administrator/nltk_data...
[nltk_data] Unzipping corpora/brown.zip.
[nltk_data] Downloading package punkt to
[nltk_data] /Users/administrator/nltk_data...
[nltk_data] Unzipping tokenizers/punkt.zip.
[nltk_data] Downloading package wordnet to
[nltk_data] /Users/administrator/nltk_data...
[nltk_data] Unzipping corpora/wordnet.zip.
[nltk_data] Downloading package conll2000 to
[nltk_data] /Users/administrator/nltk_data...
[nltk_data] Unzipping corpora/conll2000.zip.
[nltk_data] Downloading package maxent_treebank_pos_tagger to
[nltk_data] /Users/administrator/nltk_data...
[nltk_data] Unzipping taggers/maxent_treebank_pos_tagger.zip.
[nltk_data] Downloading package movie_reviews to
[nltk_data] /Users/administrator/nltk_data...
[nltk_data] Unzipping corpora/movie_reviews.zip.
Finished.
```

TextBlob 使创建自定义文本分类器变得容易。为了更好地理解这一点，我们可以利用训练集和测试集进行一些实验。

在 TextBlob 0.17.1 中，可以使用以下分类器：

（1）基本分类器（BaseClassifier）；

（2）决策树分类器（DecisionTreeClassifier）；

（3）最大熵分类器（MaxEntClassifier）；

（4）NLTK 分类器（NLTKClassifier）；

（5）朴素贝叶斯分类器（NaiveBayesClassifier）；

（6）正向朴素贝叶斯分类器（PositiveNaiveBayesClassifier）。

对于情感分析，可以使用朴素贝叶斯分类器和 textblob.en.sentiments.PatternAnalyzer 训

练分类系统。一个简单的例子如下：

```
from textblob. classifiers import NaiveBayesClassifier
from textblob. blob import TextBlob
from textblob. classifiers import NaiveBayesClassifier
from textblob. blob import TextBlob
train = [('I like this new tv show. ','pos'),]
#训练集中情感类似的句子
test = [('I do not enjoy my job','neg'),]
#测试集中情感类似的句子
cl = NaiveBayesClassifier(train)
cl. classify("The new movie was amazing. ")#展示当前结果是"积极"或"消极"
cl. update(test)
#分类
blob=TextBlob("The food was good. But the service was horrible. "
"My father was not pleased. ",classifier=cl)
print(blob)
print(blob. classify())
for sentence in blob. sentences:
  print(sentence)
  print(sentence. classify())
```

程序运行结果如下：

```
pos
neg
The food was good.
pos
But the service was horrible.
neg
My father was not pleased.
pos
```

可以从文本格式或 JSON 格式的文件中读取训练数据。JSON 文件中的示例数据如下：

```
[
  {"text":"mission impossible three is awesome btw","label":"pos"},
  {"text":"brokeback mountain was beautiful","label":"pos"},
  {"text":" da vinci code is awesome so far","label":"pos"},
  {"text":"10 things i hate about you + a knight's tale *  brokeback
 mountain","label":"neg"},
  {"text":"mission impossible 3 is amazing","label":"pos"},
```

```
    {"text":"harry potter = gorgeous","label":"pos"},
    {"text":"i love brokeback mountain too:]","label":"pos"},
    ]
from textblob.classifiers import NaiveBayesClassifier
from textblob.blob import TextBlob
from nltk.corpus import stopwords
stop = stopwords.words('english')
pos_dict={}
neg_dict={}
with open('/Users/administrator/json_train.json','r')as fp:
    cl = NaiveBayesClassifier(fp,format="json")
print "Done Training"
rp = open('/Users/administrator/test_data.txt','r')
res_writer = open('/Users/administrator/results.txt','w')
for line in rp:
    linelen = len(line)
    line = line[0:linelen-1]
    sentvalue = cl.classify(line)
    blob = TextBlob(line)
    sentence = blob.sentences[0]
    for word,pos in sentence.tags:
        if(word not in stop)and(len(word)>3 and sentvalue == 'pos'):
        if pos == 'NN'or pos == 'V':
        pos_dict[word.lower()] = word.lower()
    if(word not in stop)and(len(word)>3 and sentvalue == 'neg'):
        if pos == 'NN'or pos == 'V':
        neg_dict[word.lower()] = word.lower()
  res_writer.write(line+" => sentiment "+sentvalue+"\n")
  #print(cl.classify(line))
print "Lengths of positive and negative sentiments",len(pos_dict),len(neg_dict)
```

Lengths of positive and negative sentiments 203 128

我们可以从语料库中添加更多的训练数据，并使用以下代码评估分类器的准确性：

```
test=[
("mission impossible three is awesome btw",'pos'),
("brokeback mountain was beautiful",'pos'),
```

```
("that and the da vinci code is awesome so far",'pos'),
("10 things i hate about you =",'neg'),
("brokeback mountain is a spectacularly beautiful movie",'pos'),
("mission impossible 3 is amazing",'pos'),
("the actor who plays harry potter is so bad",'neg'),
("harry potter = gorgeous",'pos'),
('The beer was good. ','pos'),
('I do not enjoy my job','neg'),
("I ain't feeling very good today. ",'pos'),
("I feel amazing!",'pos'),
('Gary is a friend of mine. ','pos'),
("I can't believe I'm doing this. ",'pos'),
("i went to see brokeback mountain,which is beautiful(",'pos'),
("and i love brokeback mountain too:]",'pos')
]
print("Accuracy:{0}". format(cl.accuracy(test)))
from nltk.corpus import movie_reviews
reviews = [(list(movie_reviews.words(fileid)),category)
for category in movie_reviews.categories()
for fileid in movie_reviews.fileids(category)]
new_train,new_test = reviews[0:100],reviews[101:200]
cl.update(new_train)
accuracy = cl.accuracy(test + new_test)
print("Accuracy:{0}". format(accuracy))
#显示 4 个最有信息量的特征
cl.show_informative_features(4)
```

输出如下：

```
Accuracy:0.973913043478
Most Informative Features
contains(awesome) = True          pos:neg = 51.9:1.0
contains(with) = True             neg:pos = 49.1:1.0
contains(for) = True              neg:pos = 48.6:1.0
contains(on) = True               neg:pos = 45.2:1.0
```

首先，训练集有 250 个样本，准确率约为 0.813，后来又添加了 100 个来自电影评论的样本，准确率上升到约 0.974。我们尝试使用不同的测试样本并绘制准确率与样本量的关系图，如图 8-1 所示。

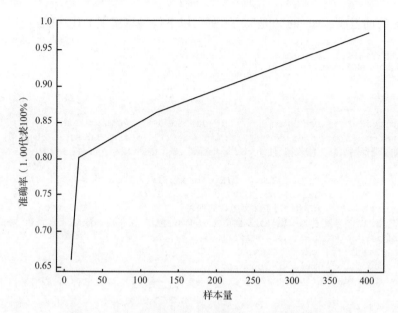

图 8-1　朴素贝叶斯分类器准确率与样本量的关系图

8.1.2　利用词云了解电影影评

词云（Word Cloud）能够更加突出地展示在任何给定文本中出现次数更多的词。它们也被称为标签云或加权词。基于其出现次数，单词的重要性在视觉上映射到其外观表现。换句话说，在可视化结果中最突出的词就是在文本中出现最多的词。

除以形状和颜色展示单词的出现次数多少之外，词云在社交媒体和营销方面还有几种有用的应用，如下。

（1）企业可以了解他们的客户以及客户如何看待他们的产品。一些品牌使用了一些非常有创意的方式，让其"粉丝"或关注者发布他们对品牌的看法，并将相关词放到一个词云中，以了解他们对产品品牌常见的印象。

（2）通过识别受欢迎的品牌来了解竞争对手。从竞争对手的信息中创建一个词云，以更好地了解哪些词和主题吸引了产品的目标客户。

要创建一个词云，可以编写 Python 代码或使用已经存在的程序包。美国纽约大学数据科学中心的安德里亚斯·穆勒（Andreas Mueller）用 Python 创建了一个词云，非常简单且易用。

接下来将以影评的例子来展示词云的使用。首先从豆瓣影评中获取观众对电影《爱情神话》的一些评价并存储，评论中一些不需要的词（如停用词等）需要删除。停用词（stopwords）由一些极其常见的词组成，如"的""是""了"等。以下代码将实现上述功能：

```
import requests
from bs4 import BeautifulSoup
import time
import random

urls=['https://movie.douban.com/subject/35376457/comments?start={}&limit
    =20&status=P&sort=new_score'.format(str(i))for i in range(0,200,20)]
        #通过观察网页翻页的规律,使用for循环得到10个链接,保存到urls列表中
print(urls)
dic_h = {"User-Agent":"Mozilla/5.0(Macintosh;Intel Mac OS X 10_15_7)AppleWebKit/
    537.36(KHTML,like Gecko)Chrome/87.0.4280.88 Safari/537.36"}
comments_list = []   #初始化用于保存短评的列表
for url in urls:  #使用for循环分别获取每个页面的数据,保存到comments_list列表
    r = requests.get(url=url,headers=dic_h).text
    soup = BeautifulSoup(r,'lxml')
    ul = soup.find('div',id="comments")
    lis = ul.find_all('p')

    list2 = []
    for li in lis:
        list2.append(li.find('span').string)
    # print(list2)
    comments_list.extend(list2)
    time.sleep(random.randint(0,3))  #暂停0~3秒

with open('comments.txt','w',encoding='utf-8')as f:  #使用with open()新建对象f
    #将列表中的数据循环写入文本文件
    for i in comments_list:
        f.write(i + "\n")  #写入数据
```

接下来，利用jieba库对中文进行分词等操作。

```
import jieba
import wordcloud
#读取文本
with open("comments.txt",encoding="utf-8")as f:
    s = f.read()
print(s)
ls = jieba.lcut(s) #生成分词列表
text = ''.join(ls) #连接成字符串

stopwords = ["的","是","了"] # 去掉不需要显示的词

wc = wordcloud.WordCloud(font_path="msyh.ttc",
                width = 1000,
```

```
            height = 700,
            background_color='white',
            max_words=100,stopwords=s)
# msyh.ttc 表示电脑本地字体
wc.generate(text)#加载词云文本
wc.to_file("wordcloud.png")# 保存词云图片
```

　　总而言之，我们从豆瓣影评中获取观众的评论，并将提取的结果存储在 comments.txt 中。然后，我们利用 jieba、wordcloud 包，使用这些词将数据可视化以获得词云。词云分析的结果如图 8-2 所示。

图 8-2　词云分析

8.2　空间数据可视化

　　Geoplotlib 是地理空间数据可视化常用的 Python 程序包，其中包含大量的地理空间数据，如地图等的可视化操作函数，并且支持硬件加速，其运行环境是 Python 3。其中常见的可视化工具包括 dot(点)、hist(二维直方)、voronoi(维诺)和 delaunay(三角剖分)等。以世界地图数据为例，首先，我们考虑通过 dot 来将数据点映射到地图上，其中我们使用 pandas 的模块来读取 CSV 文件。

```
import pandas as pd
import geoplotlib as gpl
from geoplotlib.utils import DataAccessObject
```

```
import os
pd_dataset=pd.read_csv('poaching_points_cleaned.csv')
gpl.dot(dataset)
gpl.hist(dataset,binsize=20)
gpl.show()


dataset=DataAccessObject(pd_dataset)
print(pd_dataset.head())
gpl.dot(dataset)
gpl.show()
#如果没有前面那些操作,则gpl.show()结果为一张世界地图


import matplotlib.pyplot as plt
import pandas as pd
import numpy as np
'''读取人口信息'''
dataset=pd.read_csv(r'world_cities_pop.csv',dtype={'Region':np.str})
print(dataset.dtypes)
print(dataset.head())
'''输出人口的基本信息'''
print('len of data:',len(dataset))
#print('len of City:',len(dataset.groupby(['City'])))
#len of City 值比较大,计算时间比较长
print('len of Country:',len(dataset.groupby(['Country'])))
8136A437
'''输出每个国家/地区的平均城市数量'''
CountryInfo=dataset.groupby(['Country'])
print(CountryInfo.size().head(5))
print(CountryInfo.size().agg('mean'))
print(CountryInfo.size().mean())


dataset['lat'] = dataset['Latitude']
dataset['lon'] = dataset['Longitude']
gpl.dot(dataset)
gpl.show()
#有效信息,统计到人口信息的城市/国家/地区才参与后续计算
dataset_with_pop = dataset[(dataset['Population'] > 0)]
print('Original data:',len(dataset))
print('Data with useful information',len(dataset_with_pop))
8136A437
dataset_100k = dataset_with_pop[(dataset_with_pop['Population'] >= 100_000)]
```

```
#注意:数字是这种表达方式
print('The number of Cities with over 100,000 population:',len(dataset_100k))
#人口超过 10 万的城市个数
8 1 3 6 A 437
gpl.dot(dataset_100k)
gpl.set_bbox(BoundingBox.WORLD)
8136A437
gpl.show()

gpl.voronoi(dataset_100k,cmap='hot_r',max_area=1e3,alpha=125)
gpl.show()
```

8.3 计算机模拟

计算机模拟(Simulation)是一门流行了几十年的学科，它也是一个试图模拟抽象模型的计算机程序。计算机模拟模型有助于创建复杂系统，理解和评估隐藏或未知场景。计算机模拟的典型例子是用于飞行员训练的天气和飞机模拟器。

计算机模拟已成为物理学、化学、生物学、经济学、工程学、心理学和社会科学等不同领域数学建模的一个非常有效的部分。

以下是模拟的好处：

(1)有助于研究人员更好地理解正在研究的算法或过程；

(2)有助于识别流程和算法中的问题区域；

(3)有助于评估各种与算法模型相关的变化的影响。

模拟的类型如下。

(1)离散模型：在这种情况下，系统的更改仅在特定时间发生。

(2)连续模型：在此模型中，系统状态在一段时间内连续变化。

(3)混合模型：同时包含离散元素和连续元素。

为了进行模拟，通常按照随机概率输入数据，因为在进行各种模拟实验之前我们不太可能拥有真实数据。因此，无论是否针对确定性模型进行模拟实验，通常都会涉及随机数。

下面，让我们考虑几个在 Python 中生成随机数的方法，并在模拟中举例说明。

8.3.1 Python 随机相关的程序包

Python 提供了一个名为 random 的包，它有几个方便的函数，用途如下：

(1)生成 0.0～1.0 或特定开始值和结束值之间的随机实数；

(2)生成特定数字范围之间的随机整数；

（3）从数字或字母列表中获取随机值。

```
import random
print random.random() #生成 0~1 的随机数
print random.uniform(2.54,12.2) #生成 2.54~12.2 的随机数
print random.randint(5,10) #生成 5~10 的随机整数
print random.randrange(25) #生成 0~25 的随机数
#生成 5~500 的随机数,步长为 5
print random.randrange(5,500,5)
#从列表中抽取 3 个随机数
print random.sample([13,15,29,31,43,46,66,89,90,94],3)
#从列表中随机抽取
random.choice([1,2,3,5,9])
```

8.3.2　SciPy 中的随机函数

NumPy 和 SciPy 是由数学和数值例程组成的 Python 库。NumPy 包提供了操作大型数字数据数组和矩阵的基本例程。SciPy 包通过算法和数学技术扩展了 NumPy 所含的内容。

NumPy 有一个内置的伪随机数生成器。这些数字是伪随机的，这意味着它们是从单个种子数字确定性地生成的。使用相同的种子数，可以生成相同的随机数集合，如以下代码：

```
import numpy as np
np.random.seed(65536)
```

不指定种子值可以生成不同的随机序列。每次使用以下代码运行程序时，NumPy 都会自动选择一个随机种子（基于时间）：

```
np.random.seed()
```

可以生成[0.0，1.0]中的 5 个随机数的数组，如以下代码：

```
import numpy as np
np.random.rand(5)
#生成如下数组
array([ 0.2611664,0.7176011,0.1489994,0.3872102,0.4273531])
```

rand()函数也可用于生成随机二维数组，如以下代码：

```
np.random.rand(2,4)
array([
[0.83239852,0.51848638,0.01260612,0.71026089],
[0.20578852,0.02212809,0.68800472,0.57239013]])
```

要生成随机整数，可以使用 randint(min，max)，其中 min 和 max 用于定义数字的范围，必须选定为整数，如以下代码：

```
np.random.randint(4,18)
```

使用以下代码可获得 $\lambda = 8.0$ 的离散泊松分布的随机数：

```
np.random.poisson(8.0)
```

要从均值为 $\mu = 1.25$ 且标准差为 $\sigma = 3.0$ 的连续正态（高斯）分布中抽取随机数，请使用以下代码：

```
np.random.normal(1.25,3.0)
#均值为 0,标准差为 1 的标准正态随机
np.random.normal()
```

8.3.3　模拟示例

在第一个示例中，我们将选择几何布朗运动，也称为指数布朗运动，用随机微分方程（Stochastic Differential Equation，SDE）对股票价格行为进行建模：

$$dS_t = \mu S_t dt + \sigma S_t dW_t$$

其中，W_t 为布朗运动，μ 表示漂移百分比（Drift Percentage），σ 表示波动百分比（Volatility Percentage）。以下代码用于绘制布朗运动的图像：

```
from numpy.random import standard_normal
from numpy import zeros,sqrt
import matplotlib.pyplot as plt

S_init = 20.222
T =1
tstep =0.0002
sigma = 0.4
mu = 1
NumSimulation=6

colors = [(214,27,31),(148,103,189),(229,109,0),(41,127,214),
(227,119,194),(44,160,44),(227,119,194),(72,17,121),(196,156,148)]

#将 RGB 数值归一化到[0,1]
for i in range(len(colors)):
r,g,b = colors[i]
```

```
colors[i] =(r / 255.,g / 255.,b / 255.)
plt.figure(figsize=(12,12))
Steps=round(T/tstep);#按年步进
S = zeros([NumSimulation,Steps],dtype=float)
x = range(0,int(Steps),1)

for j in range(0,NumSimulation,1):
    S[j,0] = S_init
    for i in x[:-1]:
        S[j,i + 1] = S[j,i] + S[j,i] * (mu - 0.5 * pow(sigma,2))* tstep + sigma * S
[j,i] * sqrt(
            tstep)* standard_normal()
    plt.plot(x,S[j],linewidth=2.,color=colors[j])
    plt.title('布朗运动的 6 次模拟的结果, \n$\sigma$=% .6f $\mu$=% .6f$S_0$=% .6f '% (
        sigma,mu,S_init),fontsize=18)
    plt.xlabel('步长',fontsize=16)
    plt.grid(True)
    plt.ylabel('股票价格',fontsize=16)
    plt.ylim(0,90)
plt.show()
```

图 8-3 显示了布朗运动的 6 次模拟的结果。

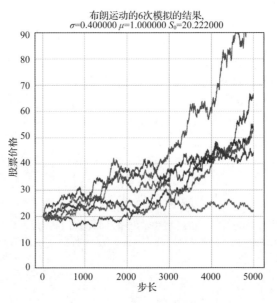

图 8-3（彩色）

图 8-3　布朗运动的模拟结果

这里的第二个示例演示了如何应用 Hodrick-Prescott 滤波器来获得属于时间序列数据类的股票价格数据的平滑曲线。

在这里，我们使用 matplotlib 中的金融相关的包生成开始日期为 2021 年 1 月、结束日期为 2021 年 12 月的一系列日期的股票价格数据，并将平滑曲线与股票价格曲线一同显示，效果如图 8-4 所示，代码如下：

```
from matplotlib import finance
import matplotlib.pyplot as plt
import statsmodels.api as sm
titleStr='FB 公司的股票价格(2021 年 1 月~2021 年 12 月)'

plt.figure(figsize=(11,10))
dt1 = datetime.datetime(2012,05,01)
dt2 = datetime.datetime(2014,12,01)
sp=finance.quotes_historical_yahoo('FB',dt1,dt2,asobject=None)
plt.title(titleStr,fontsize=16)
plt.xlabel("日期",fontsize=14)
plt.ylabel("股票价格",fontsize=14)

xfilter = sm.tsa.filters.hpfilter(sp["Open"],lamb=100000)[1]
plt.plot(sp["Open"])
plt.plot(xfilter,linewidth=5.)
```

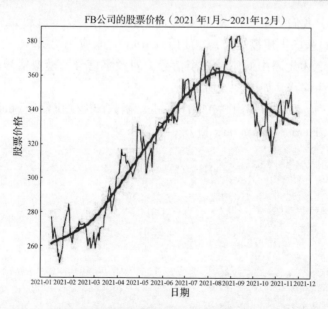

图 8-4　FB 公司股票价格走势(2021 年 1 月~2021 年 12 月)

8.3.4　信号处理

信号处理的例子有很多，我们将选择一个涉及卷积的场景进行举例。两个信号的卷积是一种组合这两种信号以产生具有过滤效果的第三种信号的方法。在现实生活中，可应用信号卷积来平滑图像。在很多情况下，卷积也用于计算信号干扰。

在这里，我们考虑 3 个简单的例子。第一个例子展示数字信号的卷积信号，并使用汉明法（hamming()）产生模拟信号，如以下代码：

```
import matplotlib.pyplot as plt
from numpy import concatenate,zeros,ones,hamming,convolve
digital = concatenate((zeros(20),ones(25),zeros(20)))
norm_hamming = hamming(80)/sum(hamming(80))
res = convolve(digital,norm_hamming)
plt.figure(figsize=(10,10))
plt.ylim(0,0.6)
plt.plot(res,color='r',linewidth=2)
plt.hold(True)
plt.plot(data,color='b',linewidth=3)
plt.hold(True)
plt.plot(norm_hamming,color='g',linewidth=4)
plt.show()
```

在这个例子中，我们使用来自 NumPy 的 concatenate()、zeros() 和 ones() 来产生数字信号，使用 hamming() 来产生模拟信号，并使用 convolve() 来应用卷积。

如果我们绘制上述代码中的所有 3 个信号，即数字信号、模拟信号和卷积结果信号，则结果将按预期发生偏移，如图 8-5 所示。

在第二个例子中，我们将使用 SciPy 的 randn() 函数产生随机信号 random_data 并应用快速傅里叶变换（Fast Fourier Transform，FFT），如以下代码：

```
import matplotlib.pyplot as plt
from scipy import randn
from numpy import fft
plt.figure(figsize=(10,10))
random_data = randn(500)
res = fft.fft(random_data)
plt.plot(res,color='b')
plt.hold(True)
plt.plot(random_data,color='r')
plt.show()
```

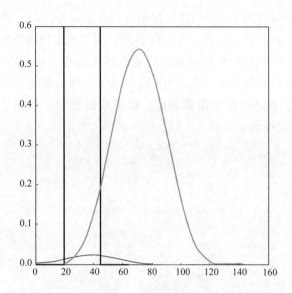

图 8-5　数字信号、模拟信号和卷积结果信号

使用 SciPy 中的 randn() 生成随机信号数据，使用 NumPy 中的 fft() 进行快速傅里叶变换，变换的结果绘制为蓝色，使用 matplotlib 将原始随机信号绘制为红色，如图 8-6 所示。

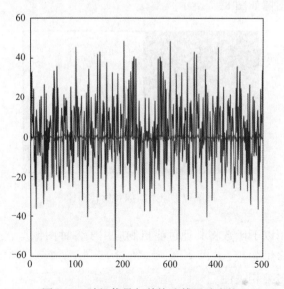

图 8-6（彩色）

图 8-6　随机信号与其快速傅里叶变换

第三个例子展示如何使用 SciPy 创建反转图像（Inverted Image）。在我们了解实际的 Python 代码和结果之前，我们尝试分析一下如何将反转图像用于可视化数据。

在某些情况下，反转颜色对我们的视觉造成的压力较小，而且看起来很舒服。如果我们将原始图像和反转图像并排放置，反转图像将有助于可视化原始图像中难以处理的某些区域，但是在某些情况下不是所有图像都如此。以下代码显示了如何使用 scipy. misc. pilutil. Image 将图像转换为反转图像：

```
import scipy.misc as scm
from scipy.misc.pilutil import Image
#打开原始图像
orig_image = Image.open('/Users/kvenkatr/Desktop/filter.jpg')
#将图像转化为数组
image1 = scm.fromimage(orig_image)
#反转图像数组
inv_image = 255 - image1
#使用反转后的数组重新生成图像
inverted_image = scm.toimage(inv_image)
#保存图像
inverted_image.save('/Users/kvenkatr/Desktop/filter_invert.jpg').
```

原始图像和反转图像如图 8-7 所示。

图 8-7　原始图像和反转图像

类似地，可以使用以下函数将其他过滤机制应用于各种图像。

（1）convolve()：多维卷积。

（2）correlate()：多维相关性。

（3）gaussian_filter()：多维高斯滤波器。

8.3.5　动画

我们可以使用 matplotlib 在 Python 中完成动画制作，结果会保存在 MP4 格式的文件中，以便后续再播放。动画的基本设置如下：

```
import numpy as np
import matplotlib.pyplot as plt
from matplotlib import animation
#设置图、轴和要"动画化"的绘图元素
fig = plt.figure()
ax = plt.axes(xlim=(0,3.2),ylim=(-2.14,2.14))
line, = ax.plot([],[],lw=2)
```

确保从 matplotlib 中导入动画包，设置轴，并准备必要的绘图变量（这里只是一个空行），如下所示：

```
#初始化函数:绘制每一帧的背景
def init():
line.set_data([],[])
return line,
```

在开始动画之前都需要进行绘图的初始化，它将会为动画创建一个基本帧，如下面的代码所示：

```
#动画函数,是按顺序调用的
def animate(i):
x = np.linspace(0,2,1000)
xval = 2 * np.pi * (x - 0.01 * i)
y = np.cos(xval)#试图将 cos()函数做成动画
line.set_data(x,y)
return line,
```

如下是一个动画函数，它以帧号作为输入，并设置绘图变量：

```
anim = animation.FuncAnimation(fig,animate,init_func=init, \
frames=200,interval=20,blit=True)
anim.save('basic_animation.mp4',fps=30)
plt.show()
```

实际的动画对象通过 FuncAnimation()创建并经过 init()和 animate()函数处理，设定帧数（Number of Frames）、每秒帧数（Frames Per Second，FPS）和时间间隔（Interval）参数。

blit＝True 表示只有显示更改的部分需要重绘(否则，可能会出现图像闪烁的情况)。

在尝试运行动画函数之前，必须确保安装了 mencoder 或 ffmpeg；否则，在没有 ffmpeg 或 mencoder 的情况下运行此程序将导致以下错误：ValueError：Cannot save animation：no writers are available. Please install mencoder or ffmpeg to save animations. 。

图 8-8 展示了一个三角函数(如 sin()或 cos())曲线的动画。

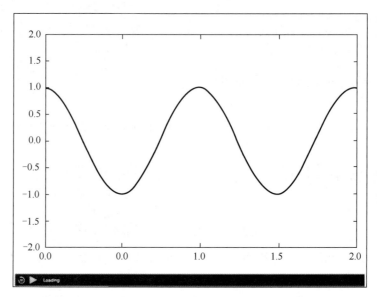

图 8-8　三角函数曲线的动画

我们可以将此 MP4 文件嵌入 HTML 进行显示，然后按左下角的播放按钮查看效果。

在本书中，到目前为止，我们已经讨论了在 Python 中绘图或创建外部格式(如 MP4)的相关可视化方法。基于 JavaScript 的可视化方法流行的原因之一是可以在 Web 上呈现，且可以将一些事件驱动的动画与它们相关联。支持矢量图形(Support Vector Graphics，SVG)越来越受欢迎的原因有很多，其中之一就是其能够缩放到任何大小而不会丢失细节。

8.4　绘制交互图

我们可以选择一些工具来绘制交互图，如 bokeh、Plotly 和 VisPy。bokeh 允许通过 JavaScript 绘制 matplotlib 库对象，这使交互变得很容易。例如，如果需要一个交互地图，则可以使用 bokeh。bokeh 可用 JavaScript 使"D3.js 图"通过 Web 浏览器实现可视化。bokeh 在一个

大型数据集上提供了良好的性能，可以通过 conda 命令或 pip 命令轻松安装 bokeh，如以下
代码：

```
import collections
#import bokeh.sampledata
#bokeh.sampledata.download()
from bokeh.sampledata import us_counties,unemployment
from bokeh.plotting import figure,show,output_file
from bokeh.models import HoverTool
county_coordinate_xs=[us_counties.data[code]['lons'] for code in us_counties.data
if us_counties.data[code]['state'] == 'ca']
county_coordinate_ys=[us_counties.data[code]['lats'] for code in us_counties.data
if us_counties.data[code]['state'] == 'ca']

colors = ["#e6f2ff","#cce5ff","#99cbff","#b2d8ff","#73abe5","#5985b2"]
county_colors = []
for county_id in us_counties.data:
  if us_counties.data[county_id]['state'] != 'ca':
    continue
  try:
    rate = unemployment.data[county_id]
    idx = min(int(rate/2),5)
    county_colors.append(colors[idx])
  except KeyError:
    county_colors.append("black")

output_file("california.html",title="california.py example")

TOOLS="pan,wheel_zoom,box_zoom,reset,hover,save"
p = figure(title="California Unemployment 2009",width=1000,
height=1000,tools=TOOLS)
p.patches(county_coordinate_xs,county_coordinate_ys,fill_color=county_colors,
    fill_alpha=0.7,line_color="white",line_width=0.5)

mouse_hover = p.select(dict(type=HoverTool))
mouse_hover.point_policy = "follow_mouse"
mouse_hover.tooltips = collections.OrderedDict([("index","$index"),("(x,y)","($x,
$y)"),
  ("fill color","$color[hex,swatch]:fill_color"),])
show(p)
```

Plotly 是另一绘制交互图的选择，但需要拥有一个在线 Plotly 账户。下面的代码展示了如何使用 Plotly 巧妙地绘制交互图：

```
from pylab import *
import plotly
import plotly.graph_objs as go
def to_plotly(ax=None):
  if ax is None:
    ax = gca()
  lines=[]
  for line in ax.get_lines():
    lines.append({'x':line.get_xdata(),
        'y':line.get_ydata(),
        'name':line.get_label(),
        })
  layout = {'title':ax.get_title(),
      'xaxis':{'title':ax.get_xlabel()},
      'yaxis':{'title':ax.get_ylabel()}
      }
  filename = ax.get_title()if ax.get_title()!='' else 'Untitled'
  print(filename)
  close('all')
  # return lines,layout
  fig=go.Figure(lines,layout=layout)
  return plotly.offline.iplot(fig)

plot(rand(100),label='轨迹 1')
plot(rand(100)+1,label='轨迹 2')
title('标题')
xlabel('X 轴标签')
ylabel('Y 轴标签 ')

response = to_plotly()
response
```

图 8-9 为使用 Plotly 绘制的交互图。

VisPy 是一种使用 Python 和 OpenGL 构建的高性能交互式工具，它提供了现代 GPU 的能力。下面的代码展示了如何使用 VisPy 创建一个可以交互式缩放的图像：

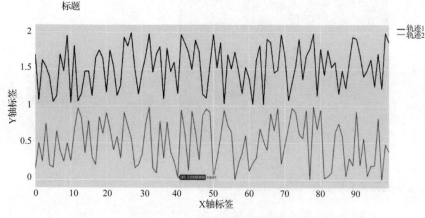

图 8-9（彩色）

图 8-9　使用 Plotly 绘制交互图

```
import sys
from vispy import scene
from vispy import app
import numpy as np

canvas = scene.SceneCanvas(keys='interactive')
canvas.size = 800,800
canvas.show()
# 设置一个视图框,以显示具有交互式平移/缩放功能的图像
view = canvas.central_widget.add_view()

# 创建图像
img_data = np.random.normal(size=(100,100,3),loc=128,scale=40).astype(np.ubyte)
image = scene.visuals.Image(img_data,parent=view.scene)

# 设置 2D 摄像机(摄像机将根据场景中的内容进行缩放)
view.camera = scene.PanZoomCamera(aspect=1)

if __name__ == '__main__' and sys.flags.interactive == 0:
    app.run()
```

图 8-10 展示了用 VisPy 绘制的交互图。进一步，当我们移动鼠标指针放大它时，结果如图 8-11 所示，它是图 8-10 局部放大得到的结果。

图 8-10（彩色）

图 8-10　使用 VisPy 绘制交互图

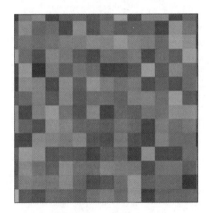

图 8-11（彩色）

图 8-11　交互图缩放

8.5　总结

本章介绍了使用 Python 进行一些较为高级的可视化的例子，如文本数据、空间数据的可视化等，并讨论了几个信号处理和动画的例子。此外，我们还使用 NumPy 和 matplotlib 研究了如何模拟和数字信号频谱有关的卷积的内容。

本章习题

一、选择题

1.（单选）关于 Geoplotlib，说法错误的是（　　）。

A. Geoplotlib 是地理空间数据可视化常用的 Python 程序包

B. Geoplotlib 包含大量的地理空间数据，如地图等的可视化操作函数，并且支持硬件加速

C. Geoplotlib 的运行环境是 Python 2

D. 其中常见的可视化工具包括 dot（点）、hist（二维直方）、voronoi（维诺）和 delaunay（三角剖分）等

2.（单选）关于动画制作的说法中，错误的是（　　）。

A. 我们可以使用 matplotlib 在 Python 中完成动画制作，结果会保存在 MP4 格式的文件中，以便后续再播放

B. 实际的动画对象通过 FuncAnimation 创建并经过 init() 和 animate() 函数，设定帧数、每秒帧数和时间间隔参数

C. 在尝试运行动画之前，必须确保安装了 mencoder 或 ffmpeg

D. blit = True 表示所有部分需要重绘（否则，可能会出现图像闪烁的情况）

3.（多选）下面关于计算机模拟的说法正确的是（　　）。

A. 模拟能更好地理解正在研究的算法或过程

B. 模拟能识别流程和算法中的问题区域

C. 模拟能评估各种与算法模型相关的变化的影响

D. 模拟的类型有离散、连续和混合。

二、简答题

简述 Plotly 的优缺点。

参考文献

[1]陈为,沈则潜,陶煜波,等.数据可视化[M].北京:电子工业出版社,2013.

[2]陈为,张嵩,鲁爱东.数据可视化的基本原理与方法[M].北京:科学出版社,2013.

[3]黄慧敏.最简单的图形与最复杂的信息:如何有效建立你的视觉思维[M].杭州:浙江人民出版社,2013.

[4]刘大成.Python 数据可视化之 matplotlib 实践[M].北京:电子工业出版社,2018.

[5]曼努埃尔·利马.视觉繁美:信息可视化与案例分析[M].杜明瀚,陈楚君,译.北京:机械工业出版社,2013.

[6]邱南森.鲜活的数据:数据可视化指南[M].向怡宁,译.北京:人民邮电出版社,2012.

[7]邱南森.数据之美:一本书学会可视化设计[M].张伸,译.北京:中国人民大学出版社,2014.

[8]斯科特·默里.数据可视化实战:使用 D3 设计交互式图表[M].李松峰,译.北京:人民邮电出版社,2013.

[9]王国平.Python 数据可视化之 Matplotlib 与 Pyecharts[M].北京:清华大学出版社,2020.

[10]Aurélien G.Hands-on machine learning with scikit-learn & tensorflow[J]. Geron Aurelien,2017.

[11] Alberto Cairo. The Functional Art:An introduction to information graphics and visualization[M]. New Riders Publishing,2012.

[12] Carr D. The visual display of quantitative information[J]. Technometrics,1991,29(1):118-119.

[13] Jones R . Now you see it.[J]. Nature Reviews Neuroscience,2002.

[14] Cole Nussbaumer Knaflic. Storytelling with data:A data visualization guide for business professionals[M]. John Wiley & Sons,2015.

[15] Milovanović. Python Data Visualization Cookbook[M]. Packt Publishing Ltd,2013.

[16] Julie Steele,Noah Iliinsky. Beautiful Visualization[M]. O'Reilly Media,2010.

[17] Telea A C. Data visualization:principles and practice[M]. CRC Press,2014.

[18] Wilke C O. Fundamentals of data visualization:a primer on making informative and compelling figures[M]. O'Reilly Media,2019.

[19] Nathan Yau. Data Points:Visualization That Means Something[M]. John Wiley & Sons,2013.

[20] Jake VanderPlas. Python Data Science Handbook:Essential Tools for Working with Data[M].O'Reilly Media, Inc.,2016.